给孩子的昆虫记 ③

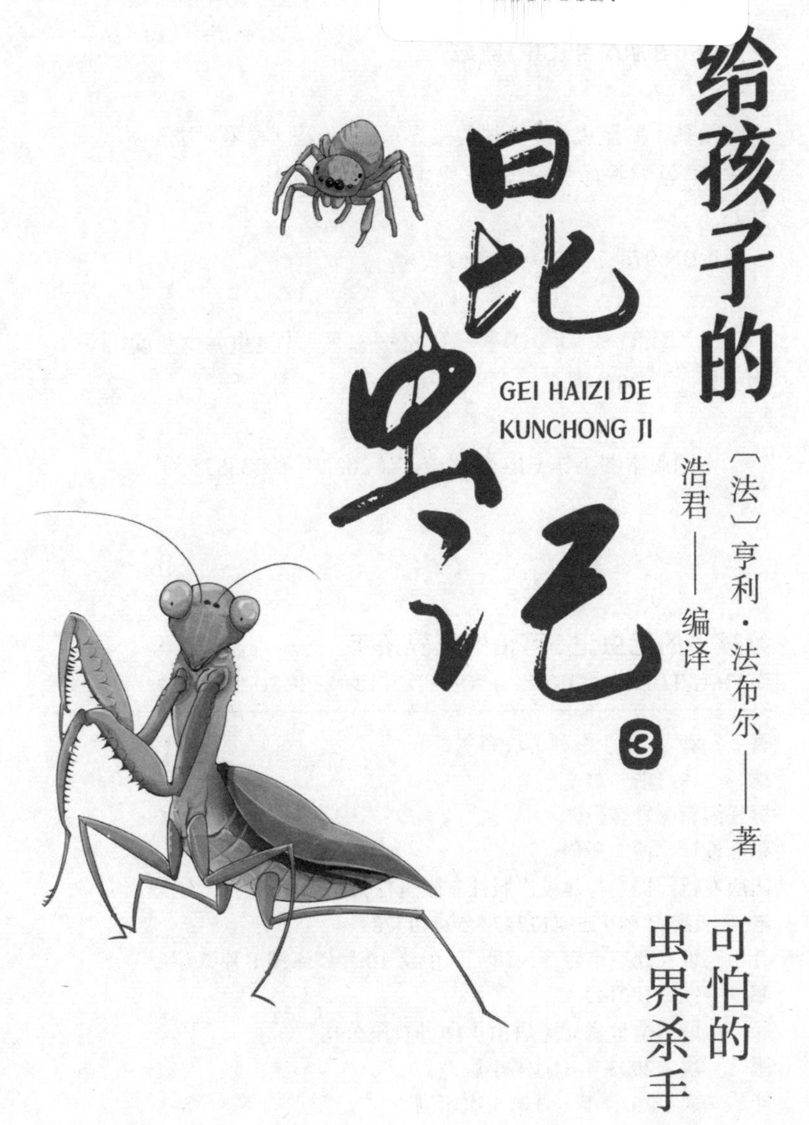

GEI HAIZI DE KUNCHONG JI

可怕的虫界杀手

〔法〕亨利·法布尔——著
浩君——编译

民主与建设出版社
·北京·

图书在版编目（CIP）数据

给孩子的昆虫记．可怕的虫界杀手 /（法）亨利·法布尔著；浩君编译．-- 北京：民主与建设出版社，2023.1

ISBN 978-7-5139-4057-3

Ⅰ．①给…　Ⅱ．①亨…②浩…　Ⅲ．①昆虫－少儿读物　Ⅳ．① Q96-49

中国版本图书馆 CIP 数据核字（2022）第 233375 号

给孩子的昆虫记．可怕的虫界杀手

GEI HAIZI DE KUNCHONG JI. KEPA DE CHONGJIE SHASHOU

著　　者　〔法〕亨利·法布尔
编　　译　浩　君
责任编辑　顾客强
封面设计　博文斯创
出版发行　民主与建设出版社有限责任公司
电　　话　（010）59417747　59419778
社　　址　北京市海淀区西三环中路 10 号望海楼 E 座 7 层
邮　　编　100142
印　　刷　金世嘉元（唐山）印务有限公司
版　　次　2023 年 1 月第 1 版
印　　次　2023 年 1 月第 1 次印刷
开　　本　670 毫米 ×960 毫米　1/16
印　　张　8
字　　数　67 千字
书　　号　ISBN 978-7-5139-4057-3
定　　价　158.00 元（全 6 册）

注：如有印、装质量问题，请与出版社联系。

目录

MULU

第一部分

爱吃肉的蜘蛛 1

狼　蛛 2

狼蛛的家 8

圆　蛛 17

蟹　蛛 23

克罗多蛛 28

克罗多蛛的家 34

第二部分

凶凶的蝎子 39

朗格多克蝎 40

挑食的朗格多克蝎 45

朗格多克蝎的宝宝 51

朗格多克蝎的毒液 56

第三部分
杀手螳螂 61

美丽的杀手 62
螳螂捕食 68
螳螂的婚礼 74
螳螂的家 79
温柔的椎头螳螂 85

第四部分
寄生虫的阴谋 91

蛆虫和寄生虫 92
寄生蜂 98
各种各样的寄生虫 104

第五部分
植物杀手——蚜虫 109

蚜虫的瘿 110
蚜虫的迁移 115
蚜虫的天敌 120

第一部分

爱吃肉的蜘蛛

读读这一部分的文字，你会知道很多关于蜘蛛的秘密。其实蜘蛛并不是昆虫，它们是节肢动物，喜欢吃昆虫，是自然界的著名猎手之一。不要害怕它们，其实蜘蛛也有温柔可爱的一面，读完这一部分你就知道啦！

láng zhū
狼蛛

láng zhū yòu jiào hēi fù zhī zhū jīng cháng chū xiàn zài bù
狼蛛又叫黑腹蜘蛛，经常出现在布
mǎn é luǎn shí de huāng dì shàng tā yǒu bā tiáo cháng cháng de
满鹅卵石的荒地上。它有八条长长的
tuǐ bā zhī liàng jīng jīng de dà yǎn jing bèi shàng hái zhǎng zhe
腿，八只亮晶晶的大眼睛，背上还长着
yì xiē róng máo jiù xiàng láng yí yàng xiōng měng mǐn jié
一些绒毛，就像狼一样凶猛、敏捷。

láng zhū shì bǔ liè gāo shǒu tiān qì qíng lǎng de shí
狼蛛是捕猎高手。天气晴朗的时
hou láng zhū jiù cóng zì jǐ de dì dòng lǐ chū lái pá shàng
候，狼蛛就从自己的地洞里出来，爬上
jiā mén kǒu nà gāo gāo de wéi lán děng dài liè wù de dào
家门口那高高的围栏，等待猎物的到
lái tā hěn cōng míng děng dài liè wù de shí hou bìng bú huì
来。它很聪明，等待猎物的时候并不会
bǎ shēn tǐ bào lù chū qù tā huì cáng zài wéi lán xià miàn
把身体暴露出去，它会藏在围栏下面，

jìng jìng de guān chá zhe
静静地观察着。

yì zhī xiǎo huáng chóng lù guò hái bǎ láng zhū de wéi lán
一只小蝗虫路过，还把狼蛛的围栏
dàng chéng le yí gè xiǎo bǎn dèng xiǎng zuò shàng qù xiē xie jiǎo
当成了一个小板凳，想坐上去歇歇脚。
shuō shí chí nà shí kuài láng zhū yí xià zi chōng chū le wéi
说时迟那时快，狼蛛一下子冲出了围
lán pū dào xiǎo huáng chóng shēn shàng qiā zhù le xiǎo huáng chóng de
栏，扑到小蝗虫身上，掐住了小蝗虫的
bó zi děng dào xiǎo huáng chóng yǎn yǎn yì xī le tā cái bǎ
脖子。等到小蝗虫奄奄一息了，它才把
xiǎo huáng chóng tuō huí jiā lǐ měi měi de bǎo cān le yí dùn
小蝗虫拖回家里，美美地饱餐了一顿。
láng zhū xǐ huan chī de kūn chóng hěn duō huáng chóng qīng tíng
狼蛛喜欢吃的昆虫很多，蝗虫、蜻蜓、
cāng ying dōu shì tā yǎn zhōng de měi wèi zhè xiē xiǎo kūn chóng
苍蝇，都是它眼中的美味。这些小昆虫
yě bù hǎo zhuā bú guò láng zhū hěn yǒu nài xīn wèi le zhuā
也不好抓，不过狼蛛很有耐心，为了抓
dào liè wù tā kě yǐ zài jiā mén kǒu děng dài hǎo jǐ gè xiǎo
到猎物，它可以在家门口等待好几个小
shí tā shēn shǒu mǐn jié zhǐ yào liè wù chū xiàn zài tā de
时。它身手敏捷，只要猎物出现在它的
bǔ liè fàn wéi nèi tā hěn shǎo shī shǒu gèng lì hai de
捕猎范围内，它很少失手。更厉害的
shì láng zhū de shēn tǐ hěn tè bié kě yǐ yì kǒu qì xiāo
是，狼蛛的身体很特别，可以一口气消
huà diào yì zhī hěn dà de kūn chóng yě kě yǐ hǎo duō tiān dōu
化掉一只很大的昆虫，也可以好多天都

不吃任何东西。

不过，狼蛛小的时候可不是这样的。小狼蛛没有自己的家，就在草丛里流浪，靠追逐猎物为生，走到哪里就吃

到哪里。小狼蛛会对心仪的猎物穷追不舍，如果猎物会飞，那它就在猎物起飞的前一秒突然起跳，把猎物扑倒在地上。我养的那些小狼蛛追捕昆虫时，可以跳到两寸高，比猫捉老鼠的动作都快。当然，只有年轻的狼蛛会这样，当它们当了妈妈，就玩不了这种漂亮的体操动作了。这时候，它们就只能建造一个小城堡，在建成的小城堡顶上守株待兔。

那么狼蛛爸爸去哪儿了？说起来有些残忍，它会心甘情愿地被狼蛛妈妈吃掉！在这之后，狼蛛妈妈就开始挖掘地洞，建造自己的房子，然后生儿育女。别看狼蛛妈妈对丈夫心狠手辣，它对自己的孩子却无比用心。当它产下卵袋，会时时刻刻把卵袋带在身边，谁要是敢碰它的卵袋，它非要扑过去拼命不可。等到小狼蛛从卵袋中爬出来，会在妈妈的背上度过七个月的时光，狼蛛妈妈每天驮着宝宝出来晒太阳，别提多辛苦了。等到狼蛛宝宝可以离开妈妈，它们会选择一个晴朗的日子，乘着蜘蛛丝飞向远方。

狼蛛的寿命很长，我养的狼蛛活了五年，繁殖了三代宝宝，跟昆虫一比，算是老寿星了。

蜘蛛

纲：蛛形纲

目：蜘蛛目

已知 35000 种，主要分属 2 个亚目：中纺亚目、后纺亚目

分布：除了南极冰盖地区外，全世界均有分布。栖息地多样，包括森林、荒地、草地、沙漠、山脉、洞穴、建筑物、海岸、湿地。大部分为陆栖，但有 1 种（学名水蜘蛛）住在湖泊和池塘的水下

特征：身体分头、胸、腹，无尾节，无复眼，一般有 2 ~ 8 只眼；有 8 条腿，口器发达

生命周期：大部分蜘蛛的寿命约为 1 年，但某些住在洞穴中的捕鸟蛛能活 20 ~ 30 年

狼蛛的家

狼蛛喜欢住在地下，它的洞穴离地面有1米深，出口处的通道是垂直的，不过更深一些的地方蜿蜒曲折，好像一个地下迷宫。

它会在自己的家里迷路吗？不会的，如果屋外有动静，它就会从蜿蜒曲折的洞里爬出来，身手十分敏捷。当狼蛛抓到一只猎物并把它拖进地下迷宫，猎物就会在这里迷路，到处乱撞，最后精疲力竭地倒下，成为狼蛛的美餐。狼蛛洞穴的底部较宽大，就像一间厢房，那是狼蛛的卧室，也是它吃饱之后消遣娱乐的地方。

狼蛛在建筑方面很有智慧。为了防止墙壁上风化松散的泥土掉落，它在洞壁上涂了一层丝浆。但狼蛛的丝比较少，所以它很会精打细算，主要把丝浆抹在与出口处相邻的洞穴顶部。

在晴朗的天气，狼蛛喜欢待在门口，晒晒太阳，或者窥伺经过自家门前的猎物。在它的洞口四周，有一圈护栏，忽高忽低，是用细石子、碎木片以及周围禾本植物的干树叶纤维垒砌起来的，它还会用丝把它们固定住。

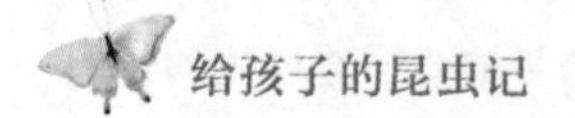

狼蛛成年后，一旦找到自己的家，就很少外出。狼蛛不会跑到老远的地方去寻找建筑材料，而是就地取材，就在

家门口寻找。我想观察一下，如果狼蛛能够不断地得到材料，它可以把护栏修到多高。我可以利用那些被我抓到的狼蛛来观察，亲自担任它的供货商。

我制作了一个黏土泥团，在一个罐子里固定一根空心芦苇，然后把泥码放在芦苇周围。当罐子完全装满之后，我便把芦苇拔出来，泥土里就留下了一口竖井。我抓来一只狼蛛，它立刻爱上了这个新家，毫不犹豫地钻了进去。但每个罐子里只能留一只狼蛛，狼蛛是独居动物，不能放在一起养。

我为独居的狼蛛提供了不少材料，有彩色毛线、坚果壳、小石子，比它们自己寻找到的材料要好得多。两个月后，它果然建起了一座奇特的围栏。围栏的样子就像是一个套筒，高约两寸。别人来参观时，见到罐子里那别致的彩色建筑，还以为是我自己搭建的哩。当我把实情告诉他们时，他们全都没有想到狼蛛竟然是建筑高手。

狼蛛告诉我们，只要有足够好的材料，它们是喜欢建高塔的。在野外的时候，它们也会在围栏上挂一些吃剩的昆虫残骸。这样的行为很像以打猎为生的远古人类，他们也喜欢在屋子周围悬挂动物骨头和皮毛以示炫耀。不过它们可不是在炫耀自己的战绩，只是因为建筑材料不够了而已。

蜘蛛大家族

- **捕鸟蛛** 捕鸟蛛科

捕鸟蛛是非常大并且毛茸茸的蜘蛛。眼睛小，排列很紧凑，分布在热带和亚热带。如墨西哥红膝鸟蛛。

- **活板门蛛** 螲蟷科

螯肢上长有耙子一样的齿，是个挖洞高手，会在洞口建造活板门，大部分气候温暖的地方都能发现这种蜘蛛。

- **漏斗蛛** 漏斗蛛科

因结漏斗形网而得名。热带和亚热带都有分布。有些种类有毒，如悉尼漏斗蛛。

- **跳蛛** 跳蛛科

生性活泼，善跳跃；喜欢穿花衣服，前（中）眼很大，视力非常好。全世界都有分布，热带最多。

- **缠网编织蛛** 球蛛科

通常为小型蜘蛛，腹部如球形，织的网纠缠在一起，全世界都有。有的蜘蛛有毒，如美国黑寡妇。

● **钱蛛** 皿蛛科

大部分体型较小，织的网是一张一张的，全世界都有，偶尔像飞行员一样落在人身上。

● **圆蛛** 圆蛛科

身体通常很宽，用黏黏的丝织网，全世界都有，包括常见的欧洲花园蛛和热带的流星锤蛛，后者织的网非常简单。

● **球腹蛛** 球腹蛛科

能在大张的网上走得很快，全世界都有，包括常见的家蜘蛛。

● **狼蛛** 狼蛛科

狼蛛是身手敏捷的地面猎手，长有 4 只大眼、4 只小眼，这类蜘蛛到处都有，数量丰富。

● **盗蛛** 盗蛛科

长得像狼蛛，但眼睛较小，有些会为幼蛛织育儿网，许多都是半水栖（筏蜘蛛）；全世界都有。

● **夜行蛛** 平腹蛛科

夜行性猎手。喜欢穿深色衣服，通常长着银色的椭圆形眼睛。全世界都有。

管巢蛛 管巢蛛科

与平腹蛛相似，但体色较淡。母蜘蛛会和幼虫一起待在卵囊中。全世界都有。

漫游蜘蛛 栉蛛科

漫游蜘蛛是相当大且跑得快的猎蛛，常有毒。热带和亚热带都有分布。

狩猎蛛 巨蟹蛛科

体型很大，跑得快，附肢向侧面伸展（侧行）。见于热带和亚热带，包括泛热带区的香蕉蛛。

蟹蛛 蟹蛛科

大部分蟹蛛是喜欢藏在花丛里的伏击猎手，附肢像蟹足（侧行）；前两对附足比后两对长。全世界都有。

喷液蜘蛛 喷液蛛科

有 6 只眼睛，圆屋顶一样的壳里藏着毒液腺或黏液腺，捕猎时会朝猎物喷出黏糊糊的丝和毒液的混合物，喜欢住在温暖的地方。

灯罩网蛛 古筛器蛛科

这是一类长腿的蜘蛛，织的网像灯罩。有两对书肺。分布地区很分散，包括北美、中国等。

yuán zhū
圆蛛

yuán zhū tiān shēng jiù huì zhī wǎng tā men gè gè dōu duì
圆蛛天生就会织网，它们个个都对
zì jǐ de háng dang fēi cháng jīng tōng
自己的行当非常精通。

qī yuè chū de yì tiān bàng wǎn wǒ tū rán zài mén qián
七月初的一天傍晚，我突然在门前
fā xiàn yì zhī dù dà yāo yuán de zhī zhū shì yí wèi yuán zhū
发现一只肚大腰圆的蜘蛛，是一位圆蛛
fū rén kàn qǐ lái wēi fēng lǐn lǐn tā chuān zhe yì shēn huī
夫人，看起来威风凛凛。它穿着一身灰
yī fu liǎng gēn àn sè shì dài qiàn zài shēn tǐ liǎng cè zài
衣服，两根暗色饰带嵌在身体两侧，在
shēn hòu jù chéng yí gè jiān jiān
身后聚成一个尖尖。

wǒ zǐ xì de guān chá zhe tā kàn dào tā lā chū le
我仔细地观察着它，看到它拉出了
yì pī sī qī yuè hé bā yuè de wǎn shang wǒ dōu kě yǐ
一批丝。七月和八月的晚上，我都可以

观察它的织网过程。每晚都有小飞虫撞到蛛网上，网或多或少地都会有些破损，所以它每天都得修补，免得洞越弄越大。它藏在月桂和柏树之间，网就织在飞蛾飞行的必经之路上。在整个夏季里，它虽然每晚都得修补破网，但它的收获也很丰富，吃到了很多飞虫。在我的提灯照亮之下，蛛网变成了一个美丽的圆形花饰，仿佛是月光编织而成的。

这个网是怎么编织出来的？我进行了细致的观察。圆蛛在织网之前，先要选择合适的树枝，然后再观察天气如何。选好地点之后，它会拉出一根丝，身体乘着这根丝落到另一根树枝上，搭成一座“丝桥”。之后它把身子吊在丝

qiáo shàng zài lā chū yì gēn sī zhí xiàn zhuì luò xià jiàng
桥上，再拉出一根丝，直线坠落。下降
shí zhè tiáo chōng mǎn huó lì de chuí zhí sī xiàn jiù yuè lā yuè
时，这条充满活力的垂直丝线就越拉越
cháng jiàng dào lí dì miàn liǎng cùn gāo shí tā tū rán tíng
长。降到离地面两寸高时，它突然停

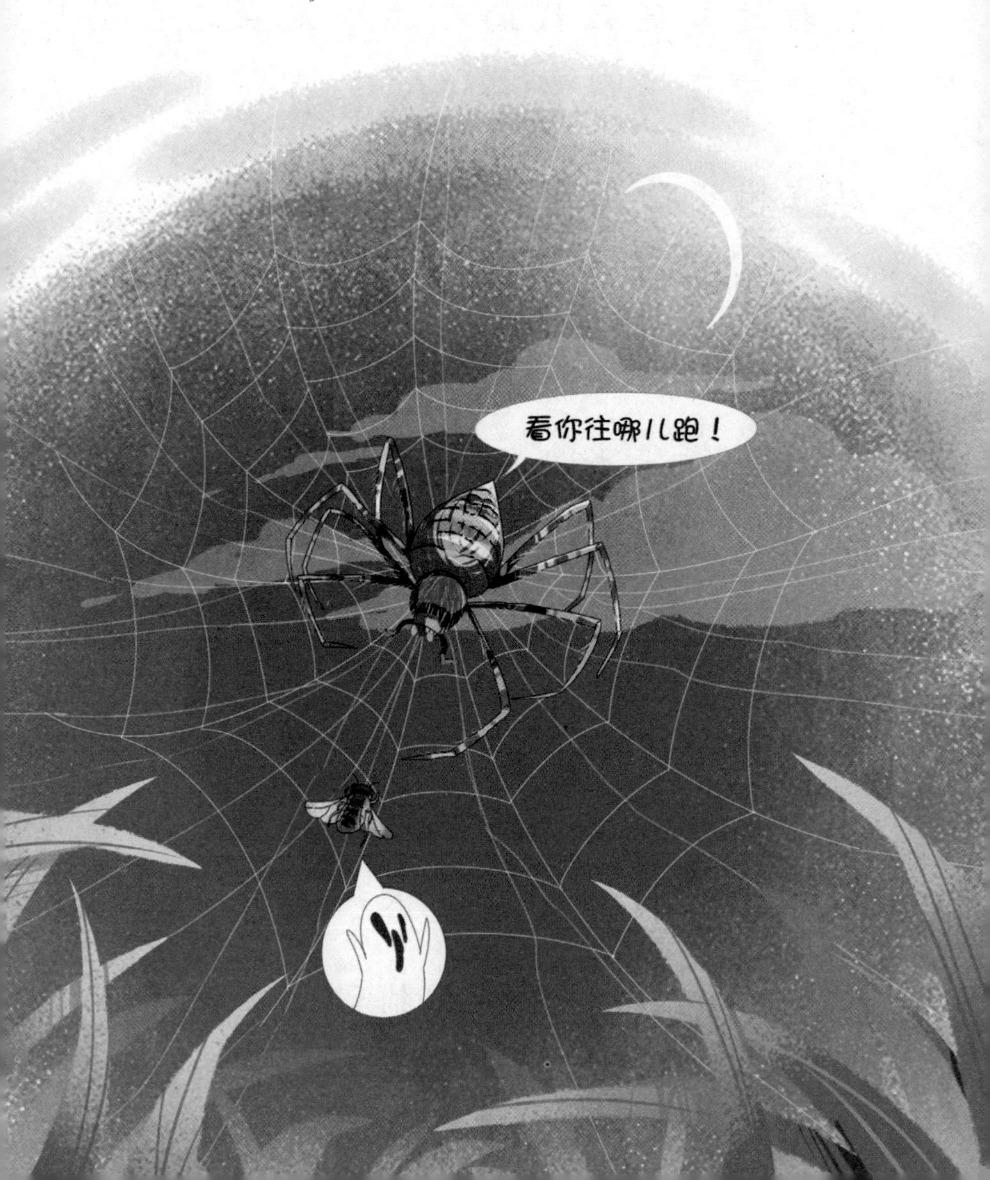

下，抓住自己刚刚拉出来的丝，一边拉丝一边沿原路往上爬，这样它就拥有了一根双股丝线，在空中轻轻地飘荡着。它把这双股丝线的一端固定在适当的地点，等着另外的那一端被风吹起来，黏结在附近的细树枝上。

当它感到丝的另一端已经粘住时，就在丝桥上来回跑好几趟，每跑一趟都会在丝桥上加上一股丝线。这样的悬挂缆比蛛网的其他部分都更加牢固，留存得也就更久。圆蛛的丝缆一旦铺设成功，它就有了一个基地。圆蛛以这些丝缆为基础，逐渐地把丝架设起来，就出现了一系列的直线组合。然后它会以中心瞄准点作为标杆来铺设等距离的辐射丝，以及紧密靠拢着的捕捉飞虫的螺旋丝。

圆蛛的工作很精细，因此它干起活来十分专心，就连节日里的烟火和礼炮在它的耳边爆炸，它也视而不见，充耳不闻。在肚子里的丝不够充足的时候，圆蛛甚至还会吃掉破蛛网上的废旧丝，以帮助自己生产新丝出来。

回收废旧丝的行为在圆蛛织网期间并不多见，主要发生在它产卵的时候。在产卵期，它需要编织一个结实的卵袋，这就需要大量的蛛丝。它会把已经破旧的网团成一粒小球，然后津津有味地把小球吃进肚子里，一点也不浪费。

蛛丝里的秘密

蜘蛛的吐丝器里吐出来的丝又细又坚韧。外形像有许多小套管的莲蓬头的吐丝器，最多有 6 个，且每个吐丝器都与一个专门的丝腺相连。蜘蛛的腹部最多会有 7 个丝腺，从每一个丝腺中吐出来的丝都有不同的用途，包括结茧、包扎带、黏糊糊的小球、安全用途或牵引丝（用一个附着盘固定在蛛网或某些点上）。受惊的蜘蛛通常会吊在一根牵引丝上像石头一样落下去，等到危险过去后，又利用牵引丝爬回来。

圆蛛拥有所有类型的丝腺。而捕猎蜘蛛由于不织网，通常只有 4 个：壶状腺，提供牵引丝和干燥的用于蛛网主要架构的丝；梨状腺，提供两根丝之间的横向黏合细丝（附着盘）；葡萄状腺，提供精液网用丝和包裹猎物的包扎带，以及装饰蛛网的隐带用丝（羊毛状的）；柱状腺（成年的雄蛛没有这种腺）提供卵茧用丝。圆蛛除了这些之外，还有鞭状腺，能吐出黏性的螺旋状丝，通常这种丝被集合在一起用来粘住别的东西。球蛛科的缠网编织蛛也有鞭状腺。

蟹蛛

蟹蛛爬行时像螃蟹一样，横行霸道，身体也像螃蟹一样，前步足比后步足粗壮，只是它的两条前足不像螃蟹那样戴着“拳击手套”。

这种蟹蛛不会织网捕猎。它喜欢埋伏在花丛中窥视着，一旦猎物出现，它就飞扑上去，掐住对方的脖子。它喜欢吃什么？它喜欢会飞的虫子，尤其喜爱捕捉家蜂。一贯爱好和平的蜜蜂，为了采蜜来到花间草丛，等它吃饱了花蜜，蟹蛛就从花丛下的隐藏处突然蹦出来，掐住蜜蜂的后脖颈儿根部。蜜蜂无助地挣扎，用螫针乱扎一气，但蟹蛛始终不肯放手。蜜蜂没一会儿就一命呜呼了，刽子手满意地吮吸着被害者的血，吸干之后就把蜜蜂残骸丢掉，又埋伏在花丛之中捕捉下一个倒霉蛋。

难道蟹蛛不知道蜜蜂是一种勤劳又可爱的昆虫吗？蟹蛛才不管这些呢。许

duō zhī zhū dōu shì zhè yàng zǒng shì suí xīn suǒ yù de zhuā zhù
多蜘蛛都是这样，总是随心所欲地抓住

liè wù rán hòu yòng gè zhǒng fāng shì bǎ tā men chī diào xiè
猎物，然后用各种方式把它们吃掉。蟹

zhū hěn xǐ huan zài yán qiáng wēi de huā cóng lǐ dāi zhe rú guǒ
蛛很喜欢在岩蔷薇的花丛里待着，如果

zài huā cóng lǐ fā xiàn yì zhī shēn zhí le tuǐ yí dòng bú dòng
在花丛里发现一只伸直了腿、一动不动

de mì fēng nà duō bàn shì cǎn zāo xiè zhū dú shǒu de kě
的蜜蜂，那多半是惨遭蟹蛛毒手的可

lián chóng
怜虫。

suī rán xiè zhū bú huì zhī wǎng dàn tā de dù zi lǐ
虽然蟹蛛不会织网，但它的肚子里

yě zhuāng mǎn le zhī zhū sī zhè shì yòng lái zuò shén me de
也装满了蜘蛛丝。这是用来做什么的

ne zhè xiē sī kě yǐ gěi xiè zhū
呢？这些丝可以给蟹蛛

de bǎo bao biān zhī yí gè róu
的宝宝编织一个柔

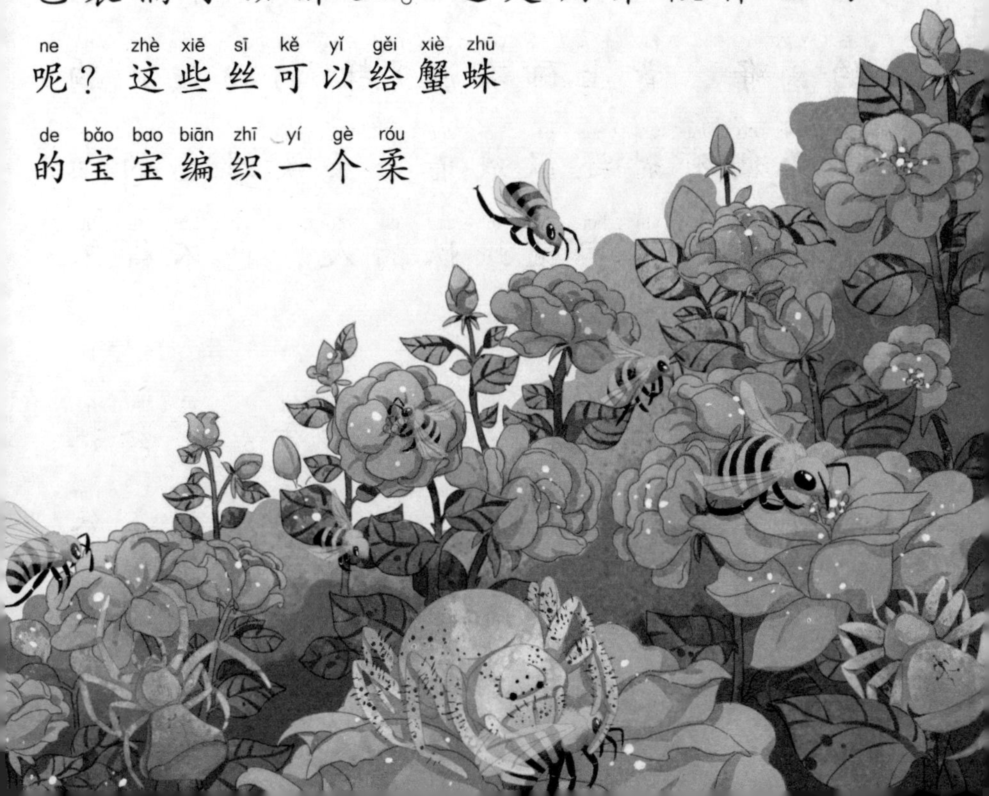

ruǎn shū shì de shuì dài tā xǐ huan zài zhí wù de jīng shàng
软舒适的睡袋。它喜欢在植物的茎上
yòng juǎn qū de kū yè dā jiàn xiǎo wū zhǐ yào zài xiāng lín
用卷曲的枯叶搭建小屋，只要在相邻
de jǐ piàn shù yè shàng chán rào zhū sī jiù xíng le
的几片树叶上缠绕蛛丝就行了。

huà shuō huí lái zhè ge mì fēng zhōng jié zhě zhǎng de
话说回来，这个蜜蜂终结者长得
shí fēn piào liang jǐn guǎn tā wài xíng qí qí guài guài dàn
十分漂亮，尽管它外形奇奇怪怪，但
tā de pí fū kàn shàng qù bǐ chóu duàn hái yào róu ruǎn yǒu
它的皮肤看上去比绸缎还要柔软。有
xiē xiè zhū de pí fū chéng rǔ bái sè yǒu xiē zé chéng níng
些蟹蛛的皮肤呈乳白色；有些则呈柠
méng sè yǒu yì xiē xiè zhū hái zài tuǐ shàng dài fěn hóng sè
檬色；有一些蟹蛛还在腿上戴粉红色
de zhuó zi bèi shàng shì yǒu yān zhi hóng de qū xiàn xiōng
的镯子，背上饰有胭脂红的曲线，胸
bù liǎng cè yǒu shí hái pèi dài zhe yì tiáo dàn lǜ sè de xì
部两侧有时还佩戴着一条淡绿色的细
dài zi jí shǐ hài pà zhī zhū de rén yě bù dé bù
带子。即使害怕蜘蛛的人，也不得不
chéng rèn xiè zhū de yōu yǎ
承认蟹蛛的优雅。

xiè zhū shì yí wèi jìn zé de mǔ qīn tā huì bǎ
蟹蛛是一位尽责的母亲。它会把
luǎn chǎn zài zì jǐ biān zhī de jiē shi de luǎn dài lǐ rán
卵产在自己编织的结实的卵袋里，然
hòu cùn bù bù lí zhè ge luǎn dài rú guǒ yǒu bú sù zhī
后寸步不离这个卵袋。如果有不速之

kè jiē jìn luǎn dài tā huì pīn jìn quán lì gǎn pǎo duì fāng
客接近卵袋，它会拼尽全力赶跑对方。
zài bǎo bao pò ké zhī qián tā huì bù chī bù hē de shǒu
在宝宝破壳之前，它会不吃不喝地守
zhe jí shǐ wǒ bǎ shí wù sòng dào tā zuǐ biān tā yě wú
着，即使我把食物送到它嘴边，它也无
dòng yú zhōng děng dào bǎo bao chū shēng de nà yì tiān tā huì
动于衷。等到宝宝出生的那一天，它会
yòng jìn zì jǐ quán bù de lì qi bǎ luǎn dài yǎo pò yīn wèi
用尽自己全部的力气把卵袋咬破，因为
xiè zhū bǎo bao méi bàn fǎ zì jǐ nòng pò luǎn dài shí jiān cháng
蟹蛛宝宝没办法自己弄破卵袋，时间长
le huì bèi mēn sǐ de
了会被闷死的。

děng dào xiǎo xiè zhū tǔ chū dì yī gēn sī chéng fēng fēi
等到小蟹蛛吐出第一根丝，乘风飞
xiàng yuǎn fāng de shí hou xiè zhū mā ma yǐ jīng tǎng zài luǎn dài
向远方的时候，蟹蛛妈妈已经躺在卵袋
páng biān yǔ shì cháng cí le dào le lái nián chūn tiān zhè
旁边，与世长辞了。到了来年春天，这
xiē xiǎo xiè zhū huì zhǎng dà huì chéng wéi xīn yí dài de mì fēng
些小蟹蛛会长大，会成为新一代的蜜蜂
liè shǒu
猎手。

kè luó duō zhū
克罗多蛛

kè luó duō zhū de míng zi shì zěn me lái de shì kūn
　　克罗多蛛的名字是怎么来的？是昆
chóng xué jiā suí biàn qǔ de ma zhè dào bù wán quán shì zhè
虫学家随便取的吗？这倒不完全是。这
zhǒng zhī zhū yě bèi chēng wéi kè luó duō dé dù lǎng dé dù
种蜘蛛也被称为克罗多·德杜朗，德杜
lǎng shì zuì zǎo fā xiàn zhè zhǒng zhī zhū de rén zhī yī wèi le
朗是最早发现这种蜘蛛的人之一，为了
jì niàn tā jiù zhè me jiào kāi le ér kè luó duō zé shì
纪念他，就这么叫开了。而克罗多则是
shén huà zhōng biān zhī mìng yùn de nǚ shén de míng zi kě yǐ yòng
神话中编织命运的女神的名字，可以用
lái bǐ yù zhī zhū
来比喻蜘蛛。

kè luó duō zhū bú shàn yú bǔ liè cháng cháng shì zài shí
　　克罗多蛛不善于捕猎，常常是在石
tou zhī jiān xún zhǎo shí wù rú guǒ yǒu mào shi guǐ chèn yuè hēi
头之间寻找食物。如果有冒失鬼趁月黑

之夜，擅自闯入克罗多蛛的石板下，就会被它掐死。被它吃干了的尸体还会被挂在它家的墙上，像是在向入侵者示威。

墙上的虫子外壳和贝壳，大部分都是空的，少数一些里面会有软体动物，还好端端地活着。克罗多蛛是如何处置朴帕虫，以及其他蜷缩在小塔螺里的动物的呢？它既无法敲碎这些石灰质外壳，又无法从螺口把软体动物掏出来，那干吗还要捡这些玩意儿呢？再说，这种软体动物的肉黏黏糊糊的，一点也不好吃。我猜想，它是不是把这些贝壳当作建筑材料了？

为了解开这个疑团，我动手做了个

实验。喂养克罗多蛛并不难，只要把它的家从石头上刮下来，装在盒子里带走就好了。如果小屋子在采掘过程中有破损或严重变形，克罗多蛛就会在夜里舍弃这个家，到别处去住。

克罗多蛛在屋子里都干些什么呢？它什么都不干。它吃饱喝足之后，就伸展开手脚，懒洋洋地趴在丝质的小毯子上休息。只有饥肠辘辘时，它才会走出舒适的屋子。

在十月份即将到来时，它们产卵了。这些袋状包囊紧紧粘在地板上，所有包囊里的卵加在一起约有一百粒。克罗多蛛母亲就趴在那堆小袋子上，警惕地护着自己的孩子。

有一种迷宫蛛，会在自己的观察哨所里待两个月，保护那些永远也见不到面的孩子。克罗多蛛要守护孩子近八个月，但是它能够见到自己的孩子们，看

着它们迈着小碎步跑来跑去，并且能见到它们吊在丝上飞走，也算是很幸福了。

六月的炎热季节到来时，小克罗多蛛们捅破了包囊壁，打开家门出来玩了。它们在大门口呼吸着新鲜空气，然后被一根根细丝带着，飞向了远处。

克罗多蛛孩子们全都离去了，但妈妈并没有因此而沮丧、绝望，反而显得更加年轻了，它要重新建造一间房子。因为之前的房间地板上粘满了小宝宝留下的卵袋碎片，如果它想在这里再生一次宝宝，那可就太拥挤了。

蜘蛛和七夕节

在我国古代，七夕节是女孩子们专属的节日，有很多好玩的节日游戏，其中有种游戏叫“蛛丝乞巧”，想玩这个游戏，就离不开我们的蜘蛛朋友。

宋代周密《武林旧事》里有这么一段：“及以小蜘蛛贮盒内，以候结网之疏密，为得巧之多少。”这种游戏就是将寻来的蜘蛛放入小盒中，第二天打开来看谁的蛛丝更密，更圆，故有诗云：“明朝结成玲珑网，试比阿谁称巧娘。”

蜘蛛之所以与七夕节息息相关，一方面是因为蜘蛛天生善于编织，另一方面也与一个传说有关。传说牛郎织女结婚后，菜园常被蝗虫侵犯，蜘蛛吐丝与它们战斗，却不会织网，很吃力。一天蜘蛛王看织女在屋里织布，大受启发，就学会了织网。因此大家认为蜘蛛是织女的学生，七夕节就喊上蜘蛛一起做游戏了。

kè luó duō zhū de jiā

克罗多蛛的家

shuō shí zài de kè luó duō zhū bìng bù duō jiàn bú
说实在的，克罗多蛛并不多见，不
shì suǒ yǒu de dì fang dōu shì hé tā fán yǎn shēng zhǎng
是所有的地方都适合它繁衍生长。

tā de jiā wǎng wǎng zài fān qǐ lái de shí tou xià wài
它的家往往在翻起来的石头下，外
biǎo shí fēn cū cāo xiàng gè dào zhì de yuán wū dǐng yǒu bàn
表十分粗糙，像个倒置的圆屋顶，有半
gè jú zi nà me dà biǎo miàn xiāng qiàn zhe xiǎo bèi ké hé xiǎo
个橘子那么大，表面镶嵌着小贝壳和小
tǔ kuài hái yǒu hěn duō gān biě le de kūn chóng yuán dǐng biān
土块，还有很多干瘪了的昆虫。圆顶边
shàng yǒu shí èr gè tū jiǎo chéng fàng shè zhuàng fēn bù kuò zhāng
上有十二个凸角，呈放射状分布，扩张
kāi lái de jiān jiǎo gù dìng zài shí tou shàng zài zhè xiē jiān jiǎo
开来的尖角固定在石头上。在这些尖角
zhī jiān yòu zhǎn xiàn chū tóng yàng shù mù de yuán gǒng xíng zhuàng
之间，又展现出同样数目的圆拱，形状

好似一座由驼毛编造的房屋，不过是倒置的，固定在吊带间紧绷着的平顶从上面封住了住所。它的门开在哪儿呀？边缘上所有的圆拱都是朝着屋顶张开的，没有一个是通向内部的。屋主人总得出门进门的呀，那它是从什么地方进屋的呢？

我用麦秸在每一个圆拱廊口上捅了捅，到处都是硬邦邦的，没有什么缝隙。在月牙形边饰中只有一处，边缘分成两部分，如同两片微微张开着的嘴唇。这儿就是门，这扇门可以依靠自己的弹性自动关闭。不仅如此，这扇门还有门闩，也就是说，克罗多蛛会用一些丝把两扇门粘上、固定住。这扇门比猛

zhū dòng xué shàng de nà ge gài zi yào yán shi de duō bú sù
蛛洞穴上的那个盖子要严实得多，不速

zhī kè yào shi bù liǎo jiě zhè ge jī guān shì wú fǎ jìn rù
之客要是不了解这个机关，是无法进入

kè luó duō zhū jiā de měi dāng yù dào wēi xiǎn kè luó duō
克罗多蛛家的。每当遇到危险，克罗多

zhū jiù huì huāng máng de wǎng jiā lǐ pǎo bì yào shí tā zài
蛛就会慌忙地往家里跑，必要时，它再

yòng jǐ gēn sī bǎ mén gěi
用几根丝把门给

suǒ shàng zhè ge shí
锁上。这个时

hou zhuī zhú kè
候，追逐克

罗多蛛的天敌还会纳闷：这家伙到底是怎么消失的？

这座优雅小屋必须绝对平稳，不能被风吹倒。小屋四周的月牙边像个围栏，把屋顶框牢，以其尖端固定在石头上，支撑着建筑物的重量。另外，每个黏结点通过一束散射的丝粘在石头上，这些丝如同锚绳一般，牢牢拉住了房子。所以这张吊床是不会被连根拔起的，除非遭到意想不到的灾祸，但这种情况实属罕见。

小屋里干干净净，一尘不染，而外面却是满地垃圾，有小土块、烂木屑、小沙子，有时还镶嵌着一些奥帕特粉虫和阿西德粉虫的干尸，也有生活在石堆里的朴帕虫的贝壳，还有很小很小的隧蜂。这些尸体都是克罗多蛛制造的厨余垃圾。

关于蜘蛛的诗句

停梭借蟋蟀，留巧付蜘蛛。

——唐 · 宋之问《七夕》

屋角有蜘蛛，结网大如箕。

——宋 · 黄文雷《观化》

四檐轩鸟翅，复屋罗蜘蛛。

——唐 · 白居易《题西亭》

檐前袅袅游丝上，上有蜘蛛巧来往。

—— 唐 · 元稹《织妇词》

第二部分

凶凶的蝎子

说起蝎子，你的第一反应是什么呢？蝎子是一种节肢动物，是蜘蛛的近亲，它的模样很可怕，尾巴上还有毒刺。虽然它看起来好像很厉害，但其实有点害羞，还有点胆小。不过可千万不要轻易招惹它，它的毒刺可不是吃素的。

朗格多克蝎

蝎子沉默寡言，行动隐秘，没人愿意观察它。我们熟悉蝎子的身体结构，却不懂它们的习性。其实，蝎子是一种很有趣的动物。

蝎子喜欢植物稀少的地方，塞里昂山岗上的一个斜坡上布满了页岩，那里蝎子很多。不过，即使再拥挤，蝎子也是喜欢独处一室的，它们是独居动物。如果你在一块岩石下面发现两只蝎子，必然有一只要被另一只吃掉。

蝎子的住宅很简陋，当我们翻开那些比较大的扁平石头，如果发现一个广口瓶颈那么粗、几寸深的洞，就说明这里住着蝎子。你再仔细看看，就会发现洞的主人就在里面，把钳子张开，翘着尾巴，准备跟人打一架。有时候蝎子的洞比较深，我们看不到它。为了把它引到光亮的地方，需要带上铲子挖开这个洞，不过千万要小心手指，它可是带着武器的。我用镊子夹住它的尾巴，把它丢进一个纸筒里，与其他的同类隔离开，就非常安全了。

有的蝎子常常跑到别人家里去，比如黑蝎子，在多雨的季节经常到人家里去做客，甚至钻进人的被窝，但是并没有造成什么严重的后果，它们并不主动伤害人，只是看起来很可怕。朗格多克蝎子比黑蝎子可爱得多，虽然它们有八九厘米长，但它们从不出来打扰人，住在僻静的岩石堆里，身体的颜色就像金黄色的稻谷。

它的那条长

尾巴，实际上应该是它的腹部，由五节棱锥组成，这些棱锥看起来就像小小的珍珠。尾部第五节之后，是一个光滑的袋状尾节。这个葫芦形的袋子里装的是它的毒液，尾端还有一根尖尖的弯钩毒针，针的下面还有输出毒液的小孔。针尖向下弯曲，因此蝎子在准备攻击猎物时，要翘起尾巴才能使用武器。

蝎子的那对大钳子是它的好帮手，平时可以用来探路和触摸物体，遇到猎物的时候还可以抓住对方。它不用大钳子走路，真正帮助它前进的是它的步足。蝎子的步足上有一些粗毛和小爪，可以帮助它飞檐走壁。

蝎子有八只眼睛，分成三组，在头

与胸部之间的那对眼睛大大的，使它看起来很凶狠。另外两组眼睛每三只一组，很小很小，分别在口器的两侧，排成一条横线。有趣的是，这些眼睛全是高度近视，所以即使蝎子长了这么多眼睛，也还是只能利用两只大钳子探路。

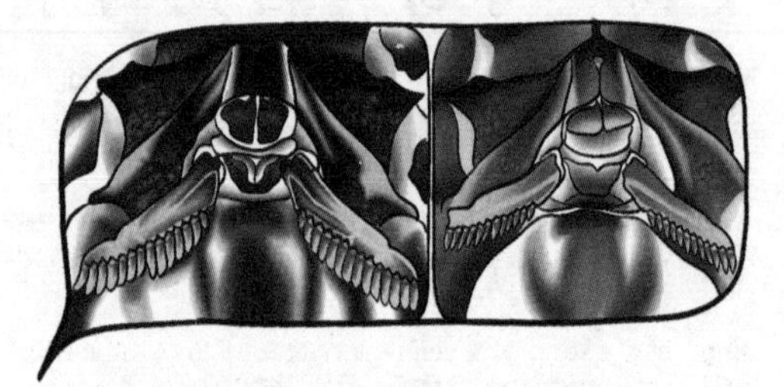

蝎子的栉状器

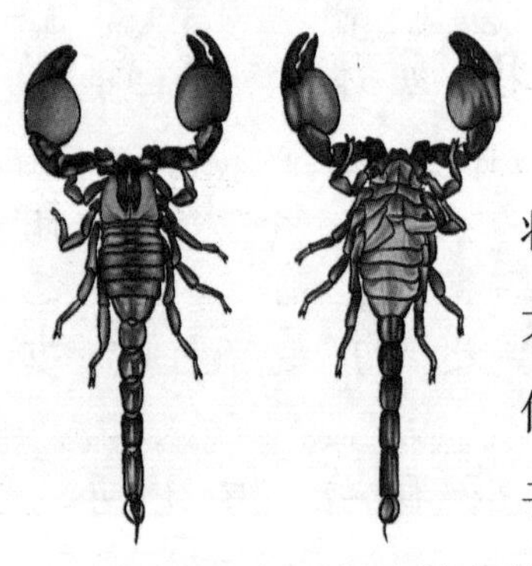

蝎子身上有一种很特别的结构，叫栉状器。它紧挨着蝎子的步足基节也就是大腿根，由一些小薄片组成，看起来就像两把呈八字形排列的小梳子。这是蝎子的感觉器官，上面有丰富的神经。蝎子可以用这个器官维持身体的平衡，感知周围的猎物信息，还可以用来识别同伴的性别。栉状器上有 19 ~ 21 个小薄片，雄性蝎子和雌性蝎子的薄片数量不同，因此它可以帮助人们分辨蝎子的性别。

tiāo shí de lǎng gé duō kè xiē

挑食的朗格多克蝎

lǎng gé duō kè xiē zi suī rán yǒu kě pà de wǔ qì
xiàng gè qiáng dào dàn shí jì shàng tā chī dōng xi hěn jié yuē
bìng bú huì làng fèi shí wù

朗格多克蝎子虽然有可怕的武器，像个强盗，但实际上它吃东西很节约，并不会浪费食物。

wǒ dào yě wài fǎng wèn tā men de shí hou zǐ xì sōu
chá guo tā men de dòng xué zhǐ zhǎo dào le yì xiē kūn chóng chì
bǎng tǐ jié shén me de yǒu shí hou shén me yě zhǎo bú
dào jīng guò duì wǒ de xiē zi xiǎo zhèn jū mín de guān chá
wǒ fā xiàn xiē zi zài shí yuè dào cì nián sì yuè lǐ bù chī dōng
xi jí shǐ wǒ bǎ shí wù sòng dào tā zuǐ biān tā yě wú

我到野外访问它们的时候，仔细搜查过它们的洞穴，只找到了一些昆虫翅膀、体节什么的，有时候什么也找不到。经过对我的蝎子小镇居民的观察，我发现蝎子在十月到次年四月里不吃东西，即使我把食物送到它嘴边，它也无

dòng yú zhōng shèn zhì yòng wěi ba bǎ shí wù sǎo chū dòng xué
动于衷，甚至用尾巴把食物扫出洞穴。
guò le zhè ge shí jiān tā men cái kāi shǐ chī dōng xi chī
过了这个时间，它们才开始吃东西，吃
de yě hěn shǎo yì zhī wú gōng dōu yào chī bàn tiān
得也很少，一只蜈蚣都要吃半天。

wǒ xiǎng wǔ qì zhuāng bèi rú cǐ jīng liáng de xiē zi
我想，武器装备如此精良的蝎子，
bú huì zhǐ mǎn zú yú chī yì zhī wú gōng ba nà shì bú shì
不会只满足于吃一只蜈蚣吧？那是不是
yǒu diǎn xiàng dà pào hōng wén zi shì shí shàng tā fàn liàng hěn
有点像大炮轰蚊子？事实上它饭量很
xiǎo xiǎo de chū qí chú le fàn liàng xiǎo xiē zi de dǎn
小，小得出奇。除了饭量小，蝎子的胆
zi yě hěn xiǎo yì zhī cài fěn dié zhǐ shì yòng chì bǎng pāi yí
子也很小，一只菜粉蝶只是用翅膀拍一
xià dì miàn jiù néng bǎ xiē zi xià pǎo xiē zi zhǐ yǒu è
下地面，就能把蝎子吓跑。蝎子只有饿
le de shí hou cái huì yǒu yǒng qì qù bǔ zhuō liè wù
了的时候，才会有勇气去捕捉猎物。

wǒ gāi gěi xiē zi chī shén me ne xiē zi zhǐ chī huó
我该给蝎子吃什么呢？蝎子只吃活
zhe de liè wù bù chī shī tǐ lìng wài tā de shí wù
着的猎物，不吃尸体。另外，它的食物
bì xū yào ròu zhì xì nèn gè tóu xiǎo wǒ yì kāi shǐ zhuā
必须要肉质细嫩、个头小。我一开始抓
le xiē dà huáng chóng kě tā men yì diǎn yě bù xǐ huan yīn
了些大蝗虫，可它们一点也不喜欢，因
wèi huáng chóng tài yìng le wǒ yòu zhuā le yì xiē féi nèn de xī
为蝗虫太硬了。我又抓了一些肥嫩的蟋

蟀放进蝎子小镇，并且给蟋蟀放了生菜叶。而蝎子呢？一碰到这些蟋蟀就吓得后退，因为这些蟋蟀太肥了。就这样，这些蟋蟀在“野兽群”里安然无恙地住了一个月。我想蝎子住在石头里，应该喜欢吃蜈蚣、鼠妇吧？我把蜈蚣和鼠妇放进去，可是，因为这些猎物面目可

憎，蝎子依然无法接受。

一次偶然的机会，我终于找到了理想的食物。那是一些野樱巧木甲，它们身子只有不到1厘米长。我抓了一些来喂蝎子，它们终于肯吃饭了。蝎子轻松地用跗节夹住猎物，送到嘴边吃了起来。还活着的猎物上下挣扎，让蝎子有点不耐烦了，于是它翘起尾巴，给猎物打了一针。经过几个小时的进食，这只可怜虫成了一团残渣，卡在了蝎子的喉咙里。蝎子没法把它吐出来，就用大钳子把这团小球夹了出来，扔到地上。这顿饭吃过以后，蝎子会有很长时间不用吃东西。

除了这种小甲虫，蝎子也捕猎小蝗

chóng fěn dié bú guò tā zhǐ chī fěn dié de tóu zuì kě
虫、粉蝶，不过它只吃粉蝶的头。最可
pà de shì zhè jiā huo ài chī zì jǐ de tóng lèi tè bié
怕的是，这家伙爱吃自己的同类，特别
shì zài jiāo pèi qī tā men de wèi kǒu huì tū rán zēng dà
是在交配期，它们的胃口会突然增大，
chī diào yǔ zì jǐ dǎ jià shī bài de tóng lèi cí xìng xiē zi
吃掉与自己打架失败的同类，雌性蝎子
hái huì chī diào zì jǐ de zhàng fu zhè zhēn shì yì zhǒng kě chǐ
还会吃掉自己的丈夫，这真是一种可耻
de dà chī dà hē a
的大吃大喝啊！

bú guò cí xìng xiē zi de wèi kǒu shí dà shí xiǎo yǒu
不过雌性蝎子的胃口时大时小，有
shí hou bìng bú huì chī wán yì zhěng zhī xióng xìng xiē zi tā men
时候并不会吃完一整只雄性蝎子。它们
yǒu shí hou zhǐ chī jǐ kǒu jiù bǎ xióng xiē zi de shī tǐ tuō
有时候只吃几口，就把雄蝎子的尸体拖
dào lā jī chǎng lǐ rēng diào yǒu shí hou huì yòng yí duì dà qián
到垃圾场里扔掉。有时候会用一对大钳
zi jǔ zhe xióng xiē zi de cán zhī zǒu lái zǒu qù hǎo xiàng zài
子举着雄蝎子的残肢走来走去，好像在
xuàn yào zì jǐ de gōng jì dāng tā gǎn dào yàn juàn le jiù
炫耀自己的功绩。当它感到厌倦了，就
huì diū xià zhè jù cán zhī bǎ tā sòng gěi xǐ huan chī ròu de
会丢下这具残肢，把它送给喜欢吃肉的
mǎ yǐ men
蚂蚁们。

法布尔的蝎子小镇

为了观察蝎子的生活习性，法布尔在他的荒石园里建造了一座蝎子小镇。为了让蝎子们住得舒适，他特意选择了一处安静、避风又朝阳的地点，并且把那里的土挖走，换成蝎子喜欢的沙子和石板。在这座蝎子小镇里，一共有 20 户居民，它们可以自己寻找食物，繁衍后代。他还在实验室里建造了一座室内蝎子园，有时候他会把蝎子小镇里的居民请到蝎子园里来住一阵子。

朗格多克蝎的宝宝

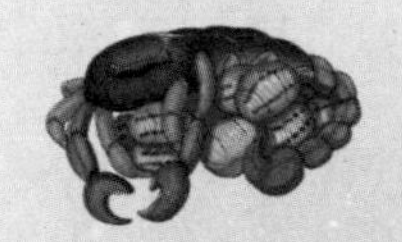

有关蝎子的生活，书籍提供给我的知识实在太贫乏了。不过这样也好，我可以大胆地进行思考和研究，现在就让蝎子们亲自告诉我，它们的宝宝是什么样的吧。

有篇论文说，蝎子在九月繁殖，可我通过实验发现，它们在七月里就开始产卵，到了七月下旬，蝎子妈妈的背上已经爬满了小蝎子。令人惊奇的是，我在蝎子妈妈的肚皮底下发现了一些像是卵膜的东西，可是书上说过，蝎子是胎生的，这是怎么回事呢？

蝎子宝宝从妈妈的肚子里出来的时候，不可能是张牙舞爪的样子，那样会被卡住的。一定有某种东西把小蝎子给包住了，让它顺利地出来。经过研究，我发现这些碎片确实是卵膜，因为我在一只蝎子妈妈的肚皮下面发现了三四十个圆圆的卵。每个卵里都包着一只小小的蝎子，它只有米粒那么大，被胎膜包着，尾巴贴在肚子上，腿紧贴着身体。在蝎子宝宝的周围是一些液体，这液体就是小蝎子的全部世界。

那么，蝎子宝宝要怎么从卵里出来

呢？蝎子妈妈会用大颚尖轻轻撕掉卵膜，吞进肚里，再小心地剥掉蝎子宝宝身上的胎膜。尽管蝎子妈妈的工具很坚硬，但是一点也不会伤到蝎子宝宝娇嫩的皮肤，也不会扭伤它们的身体。

蝎子妈妈非常尽责。宝宝们出生后，会一只一只地爬到妈妈的背上，就像给妈妈穿了一件白色的披风。如果我用一根草秸去碰小蝎子，蝎子妈妈就会愤怒地举起大钳子，摆出拳击的姿势，准备攻击。如果有一些小蝎子掉在附近的地上，蝎子妈妈就会伸出大钳子，贴着地面一刮，把地上的宝宝搂到怀里。

蝎子妈妈对别人的孩子也一视同仁，我把一些小蝎子从它们的妈妈身边拿走，放在另一只蝎子妈妈附近，那只蝎子妈妈宽容地接纳了它们，让它们爬到自己背上。

一周以后，小蝎子会蜕掉一层外皮，长大一些。现在，它们可以离开妈妈的背，到处散步了。再过一周，小蝎子就可以完全离开妈妈了。这时蝎子妈妈也不会把它们当成宝宝，甚至有可能吃掉它们，所以我必须把小蝎子们送走。

我的小蝎子们，你们要如何生存呢？尽管我恋恋不舍，我们还是互道一声再见吧，岩石山岗才是你们的家。

蝎子蜕皮

蝎子在成长的过程中，需要经历几次蜕皮。因为它们的外衣就像一个坚硬的壳，无法跟着身体一起长大。如果蝎子想让自己的身体变高变胖，就必须脱下旧衣服，再让自己长出一身新衣服来。蜕皮的时候，蝎子的皮会从背部裂开，它们只要轻轻一滑，就摆脱了这件旧衣服。因为长出新的外皮需要大量的营养物质，所以蝎子在蜕皮期会饭量大增，吃掉很多食物。不光是蝎子，还有很多披着盔甲的生物也需要经历蜕皮才能长大，比如我们熟悉的螃蟹、龙虾等也是这样。

朗格多克蝎的毒液

朗格多克蝎在捕食小猎物的时候，很少用毒针，只是在吃东西时用毒针麻醉猎物。毒针是它用来自卫的，我想知道，在什么时候它会用毒针自卫呢？

我打算让蝎子面对一些强大的对手，看看会发生什么。我把一只朗格多克蝎和一只狼蛛关在一起，这两只毒虫谁会先吃掉对方呢？只见狼蛛一看到蝎子，就勇猛地扑了上去，蝎子也毫不示

ruò yí xià jiù jiā zhù le láng zhū bìng qiě qiào qǐ wěi ba
弱，一下就夹住了狼蛛，并且翘起尾巴
gěi tā zhù shè le bù shǎo dú yè hěn kuài láng zhū jiù yí
给它注射了不少毒液，很快，狼蛛就一
mìng wū hū le
命呜呼了。

wǒ xiǎng xiē zi huò xǔ kě yǐ gēn táng láng yì jué gāo
我想，蝎子或许可以跟螳螂一决高
xià yīn wèi tā men de gè tóu dōu hěn dà zài zhè chǎng jué
下，因为它们的个头都很大。在这场决
dòu zhōng táng láng bài gěi le xiē zi tā bèi xiē zi jiā zhù
斗中，螳螂败给了蝎子，它被蝎子夹住
le shì tú jǔ qǐ dà dāo kǎn xiàng xiē zi kě shì zhè yàng
了，试图举起大刀砍向蝎子，可是这样
fǎn ér gèng yǒu lì yú xiē zi de jìn gōng xiē zi cì zhòng le
反而更有利于蝎子的进攻。蝎子刺中了
táng láng de xiōng bù méi yí huìr táng láng quán suō qǐ dà
螳螂的胸部，没一会儿，螳螂蜷缩起大
dāo shēn tǐ chōu chù le yí huìr jiù méi mìng le wǒ
刀，身体抽搐了一会儿就没命了。我
cāi xiē zi bìng bú huì yǒu yì shí de xuǎn zé yào cì de bù
猜，蝎子并不会有意识地选择要刺的部
wèi zhǐ shì tā yùn qi bú cuò jī zhòng le táng láng de zhōng
位，只是它运气不错，击中了螳螂的中
shū shén jīng yú shì wǒ yòu huàn le yì zhī gèng dà de táng
枢神经。于是，我又换了一只更大的螳
láng jué dìng ràng tā gēn xiē zi jué dòu yì chǎng
螂，决定让它跟蝎子决斗一场。

zhè yí cì táng láng shǒu xiān zhàn jù shàng fēng tā xiān bǎi
这一次螳螂首先占据上风，它先摆

出威胁的姿势震慑蝎子，然后一下子夹住了它的尾巴。蝎子的武器暂时用不了了，无法进攻。可是，螳螂逐渐体力不支，最后还是松开了爪子。这下蝎子得到了机会，一下刺中螳螂的腹部，螳螂的身体顿时瘫软了下来，没多久也死了。

无论蝎子刺中哪里，对方都难逃一死。这种毒液简直比毒蛇的毒液还要厉害！我又尝试了圣甲虫、蝴蝶、蝗虫、金步甲、花金龟等普通昆虫，发现它们无一例外，全都死在了蝎子的毒针之下。可是，有一种小家伙好像完全不怕蝎子的毒液，它就是蛴螬。

深秋时节，我只能找到一些花金龟的幼虫——蛴螬来继续实验。蝎子对这种肉乎乎的家伙完全不感兴趣，因为它并不是一个喜欢屠杀弱小的家伙。没办法，我只好引诱蝎子进攻，让它给蛴螬来了一针。可是，蛴螬完全没有中毒的症状，就这样过了好多天，它还是健康地活着，并且变成了成虫。可是花金龟成虫却抵挡不了毒液的袭击，我又尝试了几次，它们无一例外都死掉了。

虽然我不知道蛴螬为什么没有中毒，可我深刻地意识到，昆虫的变态是一种非常大的变化，完全变态昆虫的幼虫和成虫，身体结构完全不一样。

可怕的蝎毒

蝎子的毒素是一种很可怕的物质，虽然蝎子生性胆小，不会主动攻击人类，但有时人类也会被蝎子误伤。蝎子的毒素是一种神经毒素，如果被蝎子蜇了一下，少量的毒素会让人皮肤红肿疼痛。可如果遇到了毒性很大的蝎子，或者被蝎子蜇了很多下，那就没这么简单了，严重的可能会全身抽搐、血压下降、呼吸困难，甚至死于呼吸麻痹。因此，我们进行野外郊游、探险活动时，一定要穿长衣长裤，做好防护，以免发生意外。

第三部分

杀手螳螂

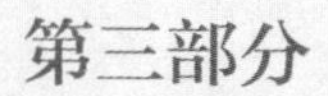

我们都知道，螳螂是一种喜欢吃昆虫的小家伙，俗称“刀螂”“老刀”，农民伯伯可喜欢它们了。螳螂的体型很优雅，还喜欢举着大刀到处逛，一看就知道它是个不好惹的杀手。这位昆虫杀手和昆虫学家法布尔之间都有什么故事呢？一起来看看吧。

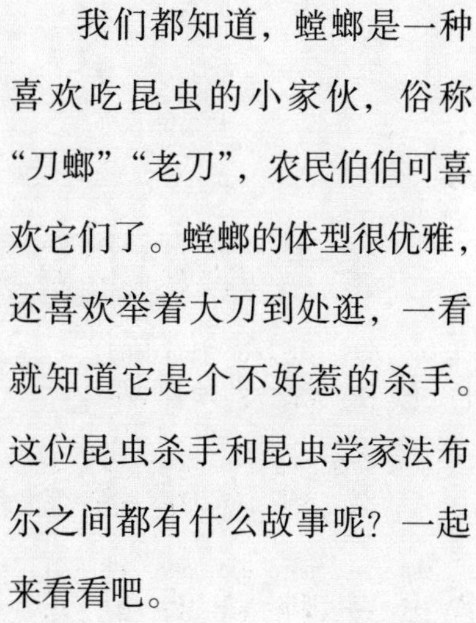

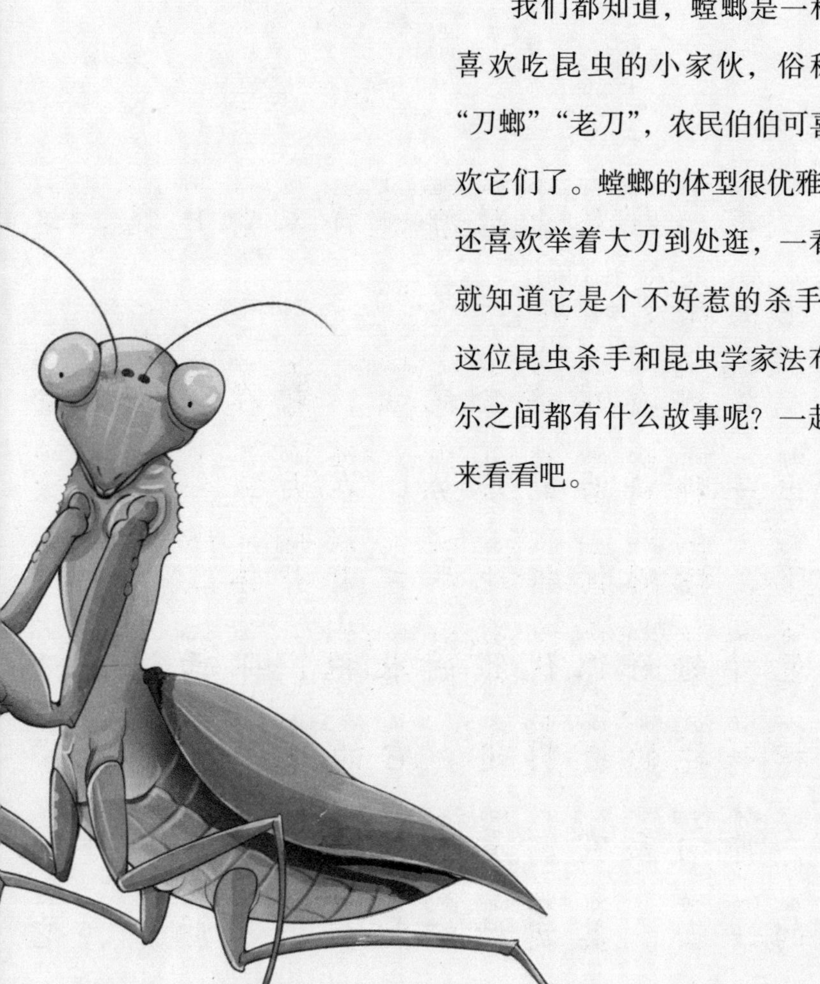

美丽的杀手

有一种昆虫跟蝉一样家喻户晓，这种昆虫就是螳螂。

螳螂喜欢捕食昆虫，它在捕食前会摆出一种祷告的姿势。在火球一样的太阳下，螳螂优雅地半立着身体，身上的绿色外翅好像优雅的长袍，下面还盖着纱裙一样的透明翅。它的双手高高地举起，伸向天空，看起来就像一名正在祈祷的少女。其实螳螂把我们都骗了，它一点也不善良，残酷才是它真正的本性。它的双臂不是用来祈福的，而是用来撕裂猎物的。

它身体翠绿，头从胸腔里伸出来，能左右旋转、仰头低头，还长着小巧的瓜子脸，有点像人类。它的樱桃小嘴也是很秀气的，完全不像残忍的食肉昆虫。它的前足节很长，像织布的梭子，内侧有两排锋利的锯齿，为了迷惑猎物，它们还在这里做了一点点装饰：前胸的内侧有一个黑色的圆点，中间还有一点白色，两旁还装饰着珍珠一样的小圆点，看起来的确很美。小虫子看到这个特别的徽章，就忘记了危险，甚至连逃跑都忘了，这样螳

螂的目的就达到了。

可怕的是，虫子一旦被它抓到，就没有逃脱的可能。螳螂的前足内侧有12根黑色的长锯齿和绿色的短锯齿，长短交错，因此它可以紧紧咬住猎物。外面的一排锯齿简单一些，只有四个刺齿，在内侧锯齿的最末端还有三根最长的齿，这就是捕捉足的构造。它的胫节与腿节相连的地方也是一把双面锯齿，这里的小齿更加细密一些，跗节上有一个十分锋利的硬钩，就像我们使用的最好的钢针一样。

为了观察它们，我不得不去抓几只回来看看。可是，当我抓住它的时候，它会拼命地挥舞前足来反抗，有的时候，捕捉足上的齿就那样咬进我手上的皮肤里。不过我自己却没有办法，只能求助别人把它的足从我的手上弄下来。我要是很用力地把它扯下来，那我的手就会被划出好几道伤口。况且我也不敢太用力，因为螳螂身上没有坚硬的外壳保护，它的身体太脆弱了，稍微用力些，可能就会把它掐死。可有的时候我又很生气，我这样小心翼翼地对它，怕伤到它，它却对我用尽了所有的招数，让我不知道该怎么办才好。

螳　螂

纲：昆虫纲

目：螳螂目

世界已知 2200 余种，分为 3 个总科：缺爪螳螂总科、金螳总科、螳总科

分布：气候温暖的地区均有分布；热带最多

体型：成虫的体型为中等到大型，体长 1 ~ 15 厘米

特征：头部三角形，向下，活动自如；复眼大；胸部第一体节（前胸）很长；具有大型的抓握式前肢；体型和体色多能模仿植物。为日行性食肉昆虫，多见于灌木丛、树干、深草丛；以昆虫为食；其他陆生种类能捕食蜘蛛和其他陆生节肢动物。澳大利亚最多见的螳螂与其他螳螂科成员不同的是背部有一个短的甲片（前胸背板）护住前胸，且前肢的钩状部分没有刺

生命周期：大概在 9 ~ 12 个月，由卵发育为若虫，再蜕变为成虫，没有蛹的阶段，因为它是不完全变态昆虫

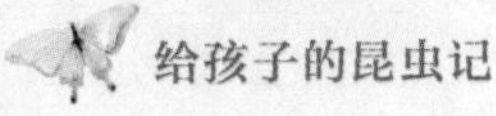

táng láng bǔ shí
螳螂捕食

wǒ xiǎng sì yǎng jǐ zhī táng láng zhè yàng cái néng nòng qīng
我想饲养几只螳螂，这样才能弄清
chu tā men de xí xìng suī rán zhuā táng láng de guò chéng kě néng
楚它们的习性。虽然抓螳螂的过程可能
huì yù shàng yì xiē xiǎo chā qǔ dàn shì sì yǎng de guò chéng qí
会遇上一些小插曲，但是饲养的过程其
shí hěn jiǎn dān yīn wèi tā sì hū zhǐ zài hu zì jǐ néng chī
实很简单，因为它似乎只在乎自己能吃
shén me ér bú zài hu zì jǐ shēn zài nǎ lǐ suǒ yǐ wǒ
什么，而不在乎自己身在哪里。所以我
zhǐ yào měi tiān fàng rù fēng shèng de shí wù jiù kě yǐ le
只要每天放入丰盛的食物就可以了。

wǒ zhǎo lái yí gè wǎ bō zài lǐ miàn zhuāng mǎn le shā
我找来一个瓦钵，在里面装满了沙
zi rán hòu diǎn zhuì shàng yì cóng bǎi lǐ xiāng jiē zhe zài fàng
子，然后点缀上一丛百里香，接着再放
yí kuài píng huá de shí tou zhè yàng tā men yǐ hòu cái huì yǒu
一块平滑的石头，这样它们以后才会有

hé shì de dì fang chǎn luǎn zuì hòu wǒ yòng wǎng zhào zhào zài
合适的地方产卵，最后，我用网罩罩在
zhè ge guān chá fáng de shàng miàn dà bù fen shí jiān zhè lǐ dōu
这个观察房的上面，大部分时间这里都
shì yáng guāng chōng zú de
是阳光充足的。

dào le bā yuè xià xún huái yùn de mǔ táng láng yuè lái
到了八月下旬，怀孕的母螳螂越来
yuè duō tā men de shí liàng yě yuè lái yuè dà wǒ bì xū
越多，它们的食量也越来越大，我必须
yào fàng hěn duō shí wù tā men sì hū zhī dào wǒ huì bú duàn
要放很多食物。它们似乎知道我会不断
sòng shí wù jìn qù suǒ yǐ huì bǎ zhǐ chī le jǐ kǒu de shí
送食物进去，所以会把只吃了几口的食
wù diū diào bú guò rú guǒ tā men shì zài tián yě lǐ yí
物丢掉，不过如果它们是在田野里，一
dìng huì bǎ shí wù chī gè jīng guāng dào le zuì hòu wǒ yòng
定会把食物吃个精光。到了最后，我用
miàn bāo hé xī guā lái shōu mǎi lín jū jiā de xiǎo péng you ràng
面包和西瓜来收买邻居家的小朋友，让
tā men bāng wǒ zhuō yì xiē huáng chóng hé guō guo wǒ zì jǐ yě
他们帮我捉一些蝗虫和蝈蝈，我自己也
tí zhe wǎng chū qù gěi tā men mì shí
提着网出去给它们觅食。

dāng rán wǒ zhǎo dào de měi wèi yě bú shì hǎo rě de
当然我找到的美味也不是好惹的，
wǒ hěn xiǎng kàn kan zài kūn chóng jiè dào dǐ shén me yàng de
我很想看看，在昆虫界，到底什么样的
chéng yuán cái néng cóng mǔ táng láng de shǒu zhōng táo tuō wǒ zhǎo dào
成员才能从母螳螂的手中逃脱。我找到

的食物有的比母螳螂的个头大得多，比如灰蝗虫；还有的拥有强悍的大颚，比如白额螽斯；当然还有我们这里最大的两种蜘蛛，大得让我有点害怕。

在它对大蝗虫发起进攻的时候，我认认真真地观察了一次，因为它突然浑身痉挛起来，警觉地面对眼前这个大家伙，然后摆出了一个可怕的姿势。它先向两侧打开自己的前翅，紧接着把后翅像两块大帆一样完全打开，腹部向上卷起又放下，不断抽动着，并且还会发出“扑哧扑哧”的声音。它不着急进攻，慢慢地挺直身体，捕捉足交叉成十字摆在胸前，把自己胸前美丽的斑点和华贵的项链一一展示出来，似乎要恐吓对方。

大蝗虫并没有逃走。它非但没有跑，居然还呆呆地向母螳螂靠近。此刻的它丧失了心智，似乎完全被母螳螂吓呆了。当被母螳螂的钳子紧紧地夹住的

时候，大蝗虫似乎才回过神来，但是这个时候已经晚了。螳螂一口咬断大蝗虫脖子上的神经，让它一动也不能动，然后就开始享用美食。

以前我只把那些狩猎能力很强的昆虫分为杀害猎物和麻醉猎物两种。现在恐怕还要加上母螳螂这种先咬断猎物的颈部神经，再慢慢地享用猎物的优雅杀手了。

这样的方法可真是高明，一旦猎物被咬断神经，无论它的体型多么庞大，曾经多么凶猛，也丝毫不能反抗了，只好任由螳螂把它变成一顿盘中餐。

关于螳螂的诗

这是一首赞美螳螂画的诗，诗人生动地描绘了螳螂捕蝉的情景。在古代，没种过田的文人们也许并不认为螳螂是益虫，甚至觉得它有些残忍。

赞张英玉蝉惊螳螂图

〔宋〕姚勉

一螳踉蹲上枯柳，一螳欲上鼓剑走。
惊蝉侧翅着树枝，性命几成落渠手。
物生远害当知几，不知犹可况已知。
千枝何处无风露，莫曳残声急飞去。

螳螂的婚礼

你们真的以为螳螂高举双手是在祷告吗？难道你们真的认为它是很善良的昆虫吗？当然不是，抛开我之前讲述的它捕食蝗虫的残忍手段，还有一件事比这个更过分，它简直连蜘蛛都不如。

这件事是我在实验观察中发现的，我当时甚至不敢相信。为了给螳螂们更宽敞的活动空间，我减少了桌面上网罩的数量，这样一来，有的网罩里面就会有几只母螳螂，我知道让它们聚在一起是有危险的，但是并不觉得它们会打起来。何况在田野里时，这群家伙也静静地等待猎物，不会主动攻击。可是，它们的肚子一天比一天大，等待着交配，这也使它们变得比较急躁。终于，它们开始对同类下手，并且吃掉了战败的同类。更让我震惊的还不仅仅是这些，让人发指的事情还在后面。

为了观察雄性螳螂和雌性螳螂的交配，我特地挑了几对螳螂单独放在一起，这样就不会有外界的打扰了，我还在它们各自的小窝里放上了足够的粮食。时间很快就到了八月末，又瘦又小的雄性螳螂觉得时机差不多成熟了，于是鼓起勇气去求爱。再来看看雌性的反应，似乎有点冷漠。可是雄性似乎毫不气馁，继续自己的示好，终于，它成功了，然后迅速地爬到雌性螳螂的背上，婚礼就开始了。整个过程相对于小昆虫来说是很长的，大概有五六个小时。

交配结束后，两只螳螂就分开了，但是很快又腻在了一起，这个天真的小子大概还沉浸在喜悦中，但是我想它不会高兴太久的。在交配过后，顶多不会超过第二天，雌性螳螂就会把雄性螳螂一口一口地吃掉。

我无法接受这个事实，很想知道它接下来会怎么样。于是我又往这个小窝里放进了第二只雄性螳螂。我本以为雌

xìng táng láng bú huì zài cì jǔ xíng hūn lǐ kě shì shí shàng wǒ
性螳螂不会再次举行婚礼，可事实上我
yòu cuò le tā hěn kuài jiù tóng yì le zhè cì hūn lǐ rán
又错了，它很快就同意了这次婚礼，然
hòu yòu chī diào le zhè zhī xīn láng jǐn jiē zhe hái yǒu dì
后又吃掉了这只新郎。紧接着，还有第
sān zhī dì sì zhī dì wǔ zhī zài duǎn duǎn de liǎng
三只、第四只、第五只……在短短的两

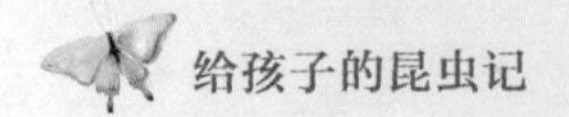

个星期里，我就这么看着它吃掉了七只雄性螳螂。

这是为什么呢？雄螳螂愿意被吃掉吗？也许雄螳螂知道自己会有这种命运。这种习性可能是远古时代残存的记忆，也许在那个食物匮乏的年代，雌性和雄性交配完之后就要立刻把雄性吃掉。

模仿大师——螳螂

螳螂不光是虫虫杀手，它还有另外一个“兼职”——模仿大师。在热带地区有一种兰花螳螂，它穿着紫白相间的衣服，大刀的形状就像兰花花瓣。它经常伪装成一朵兰花，捕食那些看走眼的采蜜昆虫。还有一些螳螂善于伪装成绿叶，趁小虫子过来歇脚的时候，一口把它吃掉。最狠的是一种生活在沙漠上的螳螂，它善于把自己的身体藏起来，只露出头顶上的一颗透明凸起，在阳光下就像一颗晶莹剔透的水珠。口渴的小昆虫见到“水珠”就飞过来，一不小心就成了螳螂的美食。

螳螂的家

在朝阳的地方，几乎都能看到修女螳螂的窝：石头、木块、葡萄树根、灌木枝、干草秸，此外还有砖块、破布、旧皮鞋的硬皮这些东西。只要能把窝牢牢固定住，任何东西都可以拿来做窝。

这样的窝，通常长 4 厘米、宽 2 厘米，色泽如同金黄的麦粒。遇到火会剧烈燃烧，有淡淡的微焦的味道。实际上，做窝的材料很像蚕丝，只不过它不

néng lā cháng ér yǐ rú guǒ wō gù dìng zài shù shàng xiǎo shù
能拉长而已。如果窝固定在树上，小树

zhī jiù huì bèi tā de dǐ bù jǐn jǐn bāo guǒ tā de wài xíng
枝就会被它的底部紧紧包裹。它的外形

huì suí zhe zhī chēng wù de biàn huà ér fā shēng gǎi biàn jiǎ rú
会随着支撑物的变化而发生改变，假如

zhè ge wō gù dìng zài yí gè píng miàn shàng huì biàn chéng yí gè
这个窝固定在一个平面上，会变成一个

椭圆形，一头圆钝，一头细长而尖锐。通常情况下，窝还有一个与船头相似的短短的延长物。

我想知道螳螂是怎么建造这样的房子的。九月五日凌晨，我终于目睹了一只雌螳螂产卵的情景。螳螂的腹部末端始终放在一团泡沫之中，那团泡沫颜色灰白，像肥皂泡。泡沫里的气体并非来自螳螂的身体，而是从空气中吸收的。螳螂将臀部两个小裂瓣展开又闭拢，左右摆动个不停，这是它产卵时的动作。它每摆动一下，窝的外皮上就有了一条小横纹。这个过程很快，泡沫也越来越多。

它产卵的时候还排出了一些黏液，

在螳螂尾部的搅拌下，黏液变成泡沫，然后涂满每层卵。在窝的出口涂着一层有细密气孔的物质，这种物质就像白石灰一样洁白光滑，当它脱落后，我们就能清晰地看到出口。

这多么奇妙啊。它一边产卵，一边还能排出制作婴儿房需要的材料。如果我们来做这一切，肯定会手足无措。但是螳螂显得从容不迫，自己就能完成一切。螳螂更加高明的地方还在于，它的窝出色地应用了物理知识，因为空气是很好的隔热材料，它那充满空气的泡沫房子非常保暖。而且，一个螳螂窝大概能容纳400枚卵，里面可以说是虫丁兴旺了。

据说螳螂的窝可以治牙疼。在我生活的村庄，在夜光皎洁的晚上，天真的农妇会想办法将螳螂窝收集起来，然后珍藏在衣柜的角落。如果有邻居牙齿有了毛病，那些农妇就会把螳螂窝借给他。不管是不是真的，都不要嘲笑这些农妇呀，或许在没有药的时候，这样的小偏方能给人带来一些心理安慰呢。

还有的人说，螳螂的窝可以治疗冻疮，把它劈成两半，用流出的汁液涂抹冻疮，就会痊愈。这是真的吗？我在自己和家人身上试用过了，发现毫无效果。这些汁液来自螳螂的卵，本质上是一种蛋白液，对冻疮的效果并不明显。可见，这种偏方也不可靠。尽管如此，

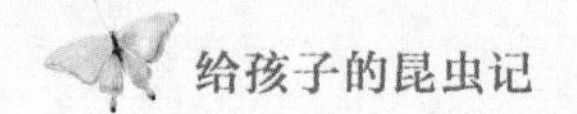

hái shi yǒu hěn duō rén xiāng xìn tā de liáo xiào
还是有很多人相信它的疗效。

螳螂的克星——铁线虫

螳螂是昆虫界的知名杀手，可是谁是它的天敌呢？除了鸟类和一些小型哺乳动物，它的天敌还有一种虫子——铁线虫。铁线虫不是昆虫，而是一种寄生虫，成虫就像一根粗粗的铁丝一样，它还喜欢在水里和昆虫身体里产卵。一旦螳螂吃掉了被它感染的昆虫，虫卵就会进入螳螂体内，并且在螳螂的肚子里逐渐长大，跟螳螂抢夺营养物质。铁线虫喜欢晒太阳和泡澡，所以被感染了的螳螂会主动跑到太阳下面，甚至跳水“自杀”。一旦铁线虫长到足够大，就会冲破螳螂的肚皮爬出来，螳螂也就痛苦地死去了。这种虫同样有可能寄生在人体内，所以我们在野外活动时不要喝生水，吃东西前要洗手消毒。

wēn róu de zhuī tóu táng láng
温柔的椎头螳螂

zhuī tóu táng láng yàng zi hěn guài suàn shì pǔ luó wàng sī de lù dì dòng wù zhōng zhǎng xiàng zuì qí tè de jiā huo le
椎头螳螂样子很怪，算是普罗旺斯的陆地动物中长相最奇特的家伙了。

wǒ men gěi tā huà gè sù xiě ba tā de fù bù zǒng shì wǎng shàng qiào dōu kuài qiào dào bèi shàng le fù miàn hái yǒu yì xiē jiān jiān de xiǎo báo piàn xiàng yè piàn yí yàng zhàn kāi tā de sì tiáo tuǐ xiàng qīng wā qián xiōng xì xì cháng cháng xiàng gēn mài jiē tā de bǔ zhuō qì kàn qǐ lái hěn wēi fēng shàng miàn zhǎng zhe jiān lì de gōu zi xiàng gè lǎo hǔ qián zuì qí guài de shì tā de nǎo dai jiān jiān de xiǎo liǎn chù jiǎo xiàng
我们给它画个速写吧。它的腹部总是往上翘，都快翘到背上了。腹面还有一些尖尖的小薄片，像叶片一样绽开。它的四条腿像青蛙，前胸细细长长，像根麦秸。它的捕捉器看起来很威风，上面长着尖利的钩子，像个老虎钳。最奇怪的是它的脑袋，尖尖的小脸，触角像胡子一样翘着，两只大眼睛之间还有一把长长的匕首；又像个高帽子，高帽子的中间还裂开一条缝。它小时候是浅灰色的，变成成虫之后，身上会显露出红色、绿色的斑块。

假如你在荆棘丛中遇到它，它会轻轻地晃着脑袋，用狡黠的眼神看着你。当你想要去抓它，它会用捕捉器抓住树枝，大步地逃走。不过，只要你仔细观察，就会发现它没有跑得太远。我把椎头螳螂抓起来，放进小纸袋里，以免扭伤它的身体。在十月里，我抓住了好多椎头螳螂，准备把它们放在网罩里养。

怎么喂养它们呢？我抓了些跟它们差不多大的蝗虫若虫，可它们并不想

chī hái pà de yào mìng dāng yì zhī dà dǎn de huáng chóng jiē
吃，还怕得要命。当一只大胆的蝗虫接
jìn zhuī tóu táng láng zhuī tóu táng láng jiù huì chuí xià mào zi
近椎头螳螂，椎头螳螂就会垂下帽子，
hěn hěn de cháo huáng chóng zhuàng guò qù qǐ tú xià pǎo huáng chóng
狠狠地朝蝗虫撞过去，企图吓跑蝗虫。
wǒ yòu zhuō lái yì xiē cāng ying zhè cì zhuī tóu táng láng hěn kāi
我又捉来一些苍蝇，这次椎头螳螂很开
xīn bú guò tā men zhǐ chī yì zhī cāng ying jiù bǎo le fàn
心，不过它们只吃一只苍蝇就饱了，饭
liàng hěn xiǎo zài shí wù duǎn quē de dōng tiān tā men shèn zhì
量很小。在食物短缺的冬天，它们甚至
kě yǐ jué shí zhí dào lái nián chūn tiān zài kāi shǐ chī fàn
可以绝食，直到来年春天再开始吃饭。
chú le cāng ying tā men hái xǐ huan chī xiǎo guō guo fěn
除了苍蝇，它们还喜欢吃小蝈蝈、粉
dié hěn xiǎo de huáng chóng
蝶、很小的蝗虫。

gēn pǔ tōng táng láng bù tóng de shì cí xìng de zhuī tóu
跟普通螳螂不同的是，雌性的椎头
táng láng bú huì chī diào zì jǐ de xīn láng tā men zài jǔ xíng
螳螂不会吃掉自己的新郎。它们在举行
hūn lǐ zhī hòu jiù hé píng gòng chǔ xiāng ān wú shì zhí
婚礼之后，就和平共处，相安无事，直
dào tā men lǎo qù rú guǒ bǎ yì xiē tóng xìng de zhuī tóu táng
到它们老去。如果把一些同性的椎头螳
láng fàng zài yì qǐ tā men yě bú huì dǎ jià gèng bú huì
螂放在一起，它们也不会打架，更不会
chī diào zì jǐ de tóng bàn wǒ cāi zhè huò xǔ shì yīn wèi
吃掉自己的同伴。我猜，这或许是因为

虽然我也吃虫，但我很温柔。

tā men de fàn liàng hěn xiǎo ba
它们的饭量很小吧。

zhuī tóu táng láng de hòu dài shù liàng bù duō yīn wèi tā
椎头螳螂的后代数量不多，因为它
de wō xiǎo xiǎo de zhǐ yǒu lí mǐ cháng tā zuò wō de
的窝小小的，只有1厘米长。它做窝的
fāng shì gēn pǔ tōng táng láng chà bù duō tā yě xǐ huan wèi bǎo
方式跟普通螳螂差不多，它也喜欢为宝
bao jiàn zào pào mò fáng zi zài mài jiē shí kuài xì shù
宝建造泡沫房子。在麦秸、石块、细树
zhī shàng dōu kě yǐ zhǎo dào tā de wō yǒu qù de shì
枝上，都可以找到它的窝。有趣的是，
tā zài xiǎo wō wán gōng zhī hòu huì zhǎo yì gēn xiǎo xiǎo de lǜ
它在小窝完工之后，会找一根小小的绿
zhī fàng zài wō shàng miàn zuò wéi zhuāng shì
枝放在窝上面，作为装饰。

zhuī tóu táng láng hé pǔ tōng de táng láng shēn tǐ jié gòu yí
椎头螳螂和普通的螳螂身体结构一
yàng què yǒu hěn duō bù tóng de xí xìng bǐ rú zhuī tóu táng
样，却有很多不同的习性。比如椎头螳
láng xìng gé wēn shùn ér hòu zhě shí fēn xiōng cán zhuī tóu táng
螂性格温顺，而后者十分凶残；椎头螳
láng de fàn liàng hěn xiǎo hòu zhě què zǒng shì yí fù chī bù bǎo
螂的饭量很小，后者却总是一副吃不饱
de yàng zi zhè shì wèi shén me ne dà zì rán kě zhēn shén
的样子。这是为什么呢？大自然可真神
qí a
奇啊。

椎头螳螂

外号：小鬼虫

居住地：沙漠地区，国内仅准噶尔盆地有分布

长相：体长 55 ~ 60 毫米，身体呈黄褐色，很纤细，前胸很长。头部有长长的凸起，中、后足腿节有板状凸起

性格：温和善良，不喜欢打架，饭量很小

喜欢的食物：小苍蝇、小蝗虫等

第四部分

寄生虫的阴谋

这里说的寄生虫，可不是那种住在人肚子里的蛔虫，而是一些寄生昆虫。它们没有自己的家，也懒得自己寻找食物，就偷偷闯进其他昆虫的家里产卵，或者干脆就把卵产在别的幼虫的体内，是一些非常狡猾的昆虫杀手。

蛆虫和寄生虫

就在刚才，我把一大堆灰蝇的蛹收集在一个容器里，等我用小刀尖挑掉蛹尾部的体节后，发现里面装满了数不清的蛆虫，但是本来应该在这里的原住民不见了，那些蛆虫是侵略者。这是哪一种寄生虫的幼虫？通过观察，我发现它们是一种属于小蜂科的寄生虫。

在过去不久的寒冬，我从一个大孔雀蝶的蛹壳里掏出3499条寄生虫，而剩

xià de yǒng ké què háo wú quē sǔn lǐ miàn de yòu chóng zhān zài
下的蛹壳却毫无缺损。里面的幼虫粘在
yì qǐ zhèng shì yī kào dà kǒng què dié de yǒng tā men cái
一起，正是依靠大孔雀蝶的蛹，它们才
dé yǐ jiàn kāng chéng zhǎng měi dāng wǒ xiǎng dào zhè xiē xiān huó de
得以健康成长。每当我想到这些鲜活的
ròu tǐ bèi zhè me duō jì shēng zhě yì diǎn yì diǎn de cán shí
肉体，被这么多寄生者一点一点地蚕食
shí jiù huì bù yóu zì zhǔ de gǎn dào máo gǔ sǒng rán liè
时，就会不由自主地感到毛骨悚然，猎
wù suǒ zāo shòu de zhé mó shì wǒ wú fǎ xiǎng xiàng de
物所遭受的折磨是我无法想象的。

huī yíng yǒng ké lǐ de jì shēng zhě yǔ huà chéng chóng shì
灰蝇蛹壳里的寄生者羽化成虫，是
zài bā yuè dǐ de shí hou suí hòu tā men zài yǒng ké shàng
在八月底的时候。随后，它们在蛹壳上
yǎo chū xiǎo yuán dòng zuān le chū lái jiù biàn chéng le xiǎo fēng
咬出小圆洞，钻了出来，就变成了小蜂
kē kūn chóng wǒ shǔ le yí xià měi gè yǒng ké lǐ zhù zhe
科昆虫。我数了一下，每个蛹壳里住着
zhī jì shēng chóng zài duō jiù zhù bú xià le jǐn guǎn tā
30只寄生虫，再多就住不下了。尽管它
men kàn shàng qù piào liang mí rén dàn tā men shì nà yàng de miǎo
们看上去漂亮迷人，但它们是那样的渺
xiǎo zhǐ yǒu háo mǐ cháng nǎo dai de kuān dù lüè dà yú
小，只有2毫米长，脑袋的宽度略大于
cháng dù tā men chuān zhe tóng hēi sè de fú zhuāng zhuǎ zi shì
长度。它们穿着铜黑色的服装，爪子是
bái sè de jiān jiān de fù bù dài yì diǎn xiǎo ròu bǐng chéng
白色的，尖尖的腹部带一点小肉柄，呈

心形。

有个问题需要解答，寄生虫是用了什么办法侵入灰蝇蛹壳里的呢？不过，就算没能目睹，依靠逻辑推理，大致的情况我也能略知一二。入侵者不可能是穿过坚硬的蛹壳侵入里面的，它只能选择那些蠕动着的蛆虫，它会在蛆虫身上扎一个很细的眼，把卵接种在里面。因为要安置30个寄生者，所以蛆虫的皮肤需要承受多次的针扎。

比寄生虫更可怕的，恐怕是我们肉眼看不到的那些小生物。我把蝎子尾巴上有毒的末端收集起来，碾碎泡在水里，制成了一种毒液。把这种毒液注射在昆虫体内，会发现它们全都死去了。

奇怪的是，我用蝎子身体的其他部位制作这种毒液，被注射的昆虫也会死掉。我又把花金龟这种无毒的昆虫碾碎泡在水里一段时间，再把液体注射在昆虫体内，同样会让昆虫死去。这种东西其实

就是腐烂的尸体，为什么蛆虫每天与它们为伴，却没有中毒死亡呢？我想，它里面有种可怕的病毒，吃起来没问题，但不能跟内脏和血液接触。

通过观察我发现，蛆虫可以分成三部分：一部分成功地长大了，变成了各种苍蝇；还有一些被寄生虫吃掉，变成了空空的蛹壳；另外一些被寄生虫刺破身体，接触了有毒的液体，很快就死亡了。

巧妙的是，为了避免自己和同类受到这种伤害，蛆虫们没有进化出坚硬的大颚，而是用蛋白酶软化食物，再把变成液体的食物吸进肚子里。只要没有意外发生，它们是不可能把身体弄破的。

虫虫放大镜
CHONGCHONG FANGDAJING

蛹里面是什么

我们都知道，完全变态昆虫比如蝴蝶、圣甲虫、花金龟等，幼虫要先变成蛹，才能发育成成虫。蛹里面是什么样的？为什么昆虫的蛹不吃也不喝呢？蛹里面的结构其实很简单，它的头胸部有一些神经器官和干细胞，其余的部分就是蛋白质。这些蛋白质曾经是幼虫身体的一部分，现在完全被分解了。如果你吃过蚕蛹，就会发现它的“肚子”里全是白色的糊状物，这些糊状物就是蛋白质。在蛹期，干细胞会利用这些蛋白质，不断分化、分裂，形成成虫具备的器官。幼虫变成蛹再变成成虫的过程，就像是重组一个新生命的过程。

寄生蜂

有一种很会挖洞的蜜蜂叫作隧蜂，它喜欢在自己挖的地下豪宅中产卵，还会为幼虫准备甜美可口的花粉面包。不幸的是，它们总会被一种小小的坏家伙给盯上。

这种坏家伙就是寄生蜂，它们会对隧蜂家族进行疯狂的抢夺。我不知道这种寄生蜂叫什么名字，寄生蜂的脸孔呈灰白状，眼睛是暗红色的，爪子是黑色的，灰色的腹部下端逐渐变为白色。寄生蜂的身上还长着黑色的斑点，总共有五行，斑点很细小。

隧蜂在采集花粉后返回自己的家，这个时候寄生蜂就开始跟踪隧蜂。直到隧蜂钻进自己的房子，寄生蜂就落在隧蜂的房门口。隧蜂再次出门时，两只蜂就相遇了，庞大的隧蜂看起来好像一脚就能踩死小小的寄生蜂，可它无动于衷，根本没把寄生蜂放在眼里。

等隧蜂走远了，这只寄生蜂就闯进隧蜂的家里偷点东西吃。寄生蜂有计算时间的能力，它能够估算隧蜂回到洞中的时间，因此更加猖狂。更过分的是，寄生蜂还会在蜂房中产下自己的卵，等隧蜂返回自己家中的时候，这只寄生蜂早就消失得无影无踪了。不过它并没有走太远，它就躲在不远处，等隧蜂再次出门。

隧蜂正在用花粉和蜜制作丸子，寄生蜂没有机会上去抢夺食物，如果它现在飞到隧蜂的爪下，很可能会被揉进花粉丸子里，做成食物。所以它再次飞到洞口，等待时机。现在隧蜂当然懒得搭理它，所以两只蜂之间根本没有过激的争斗行为。等到隧蜂飞出去寻找原料时，它就趁机把卵产在那些花粉丸子上。

可以看出，寄生蜂胆大包天的行为是为了它的子孙后代。寄生蜂不会危害

suì fēng de shēng mìng　zhǐ huì chī yì diǎn suì fēng de shí wù
隧蜂的生命，只会吃一点隧蜂的食物。

dāng rán　tā yǒu bǐ tōu chī gèng zhòng yào de mù dì　nà jiù
当然，它有比偷吃更重要的目的，那就

shì ān dùn zì jǐ de hái zi　zài xún zhǎo huā fěn wán zi de
是安顿自己的孩子。在寻找花粉丸子的

shí hou　wǒ fā xiàn le dà liàng bèi nòng suì le de wán zi
时候，我发现了大量被弄碎了的丸子，

yǒu liǎng sān zhī qū chóng zài shàng miàn niǔ dòng zhè xiē qū chóng zhèng
有两三只蛆虫在上面扭动，这些蛆虫正
shì jì shēng fēng de zǐ nǚ suì fēng de hái zi yǒu shí hou huì
是寄生蜂的子女。隧蜂的孩子有时候会
hé jì shēng fēng de zǐ nǚ hùn zhù zài yì qǐ kě shì huā fěn
和寄生蜂的子女混住在一起，可是花粉
wán zi zhǐ yǒu nà me duō bú gòu tā men chī zuì hòu
丸子只有那么多，不够它们吃。最后，
suì fēng de hái zi huì bèi è sǐ shī tǐ yě huì chéng wéi jì
隧蜂的孩子会被饿死，尸体也会成为寄
shēng fēng yòu chóng de shí wù
生蜂幼虫的食物。

zhè shí hou suì fēng mā ma zài zuò shén me ne tā bú
这时候隧蜂妈妈在做什么呢？它不
huì qù kàn wàng hái zi zhǐ zài yǒng qī lái lín shí bǎ zì
会去看望孩子，只在蛹期来临时，把自
jǐ de fēng fáng guān bì hǎo ràng hái zi men shùn lì fū huà
己的蜂房关闭，好让孩子们顺利孵化。
kě tā bù zhī dào de shì yǒu de hái zi zǎo jiù è sǐ
可它不知道的是，有的孩子早就饿死
le tā gèng bù zhī dào jì shēng fēng de hái zi zǎo jiù chéng
了。它更不知道，寄生蜂的孩子早就成
gōng fū huà bìng qiě zài fēng fáng guān bì zhī qián jiù táo zǒu le
功孵化，并且在蜂房关闭之前就逃走了。

寄生蜂类

家族成员：金小蜂科、姬蜂科、小茧科

居住地：除了南北极，哪里都有分布

特性：爱吃肉，有的喜欢寄生在其他昆虫的幼虫体内，有些喜欢寄生在它们的家里

缺点：生性懒惰又狡猾，喜欢占便宜，损人利己，杀害了很多无辜的虫

优点：可以被农民伯伯利用，寄生在农业害虫体内，消灭它们

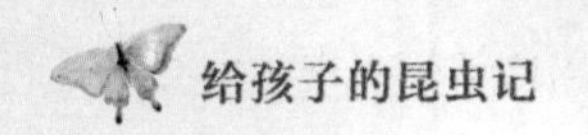

各种各样的寄生虫

事实上，昆虫的世界和人类世界一样，都存在残酷的斗争，每天都会有悲惨的事情发生。比如那些各怀绝技的寄生虫们，总想做些损人利己的事情，就算昆虫们千方百计地防御，也有可能不幸中招。

有些寄生虫喜欢把自己的卵产在别人的茧里。比如蚁蜂，雌性的蚁蜂没有翅膀，好像一只大蚂蚁。可它带着一根

jiān jiān de zhēn zhè gēn zhēn kě yǐ zài jiān yìng de jiǎn ké shàng
尖尖的针，这根针可以在坚硬的茧壳上
dǎ kǒng měi dāng fā xiàn hé shì de jiǎn tā jiù huì tōu tōu
打孔。每当发现合适的茧，它就会偷偷
chuǎng jìn bié rén de jiā lǐ bǎ luǎn chǎn zài jiǎn ké zhōng zhè
闯进别人的家里，把卵产在茧壳中，这
yàng tā de hái zi jiù kě yǐ bǎ jiǎn lǐ de yòu chóng dàng zuò
样，它的孩子就可以把茧里的幼虫当作
liáng shi qīng fēng yě xǐ huan gàn zhè yàng de shì bú dàn huì
粮食。青蜂也喜欢干这样的事，不但会
bǎ bié rén jiǎn lǐ de hái zi chī diào hái huì zài zhè ge jiǎn
把别人茧里的孩子吃掉，还会在这个茧
lǐ jié chū zì jǐ de jiǎn
里结出自己的茧。

hái yǒu xiē jì shēng chóng xǐ huan zài bié rén gěi bǎo bǎo zhǔn
还有些寄生虫喜欢在别人给宝宝准
bèi de shí wù lǐ chǎn luǎn mí jì yíng jiù xǐ huan zhè me
备的食物里产卵。弥寄蝇就喜欢这么
gàn měi dāng ní fēng dài zhe mì fēng xiàng chóng huáng chóng děng
干，每当泥蜂带着蜜蜂、象虫、蝗虫等
fēng shèng de liè wù guī lái tā jiù fēi kuài de chōng jìn ní fēng
丰盛的猎物归来，它就飞快地冲进泥蜂
de jiā lǐ zài liè wù shàng xùn sù chǎn luǎn zhī hòu yòu ruò
的家里，在猎物上迅速产卵，之后又若
wú qí shì de fēi zǒu jiù zhè yàng zhè xiē liè wù shēn shàng
无其事地飞走。就这样，这些猎物身上
duō le hěn duō kè rén zhè xiē kè rén zài chī
多了很多“客人”，这些“客人”在吃
wán liè wù zhī hòu hái huì chī diào fáng zhǔ de hái zi
完猎物之后，还会吃掉房主的孩子。

有些寄生虫更加大胆，直接把卵产在别人的家里，让别的昆虫妈妈代为抚养。毛足蜂就喜欢用自己的卵代替条蜂的卵，让条蜂替它抚养孩子。上文中我们提到的那种寄生蝇也属于这类，它们住在别人的家里，吃掉别人辛辛苦苦为宝宝准备的食物，最后会让原主人的宝宝活活饿死。

寄生虫的这些行为看似在偷懒，它们又不会辛辛苦苦地自己筑巢觅食，好像很轻松的样子。实际上，寄生虫寻找合适的宿主也很辛苦，有时候甚至一连好几个小时都找不到。如果一直找不到合适的宿主，它只

能随便找个地方产卵，它的家族可能就因此灭亡了。你瞧，在大自然中，每种动物其实都在努力地生存，即使是寄生虫，也有自己的烦恼呢。

不过，在人类的眼里，这些寄生虫的行为是可耻的，它们不但喜欢偷懒，还把自己家族的繁荣建立在其他昆虫的痛苦之上。但是，我们不要用人类的道

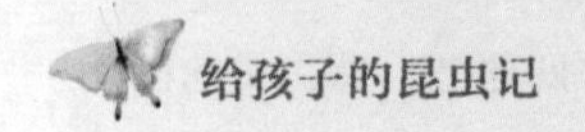

dé biāo zhǔn qù yuē shù kūn chóng ya yě méi bì yào yīn wèi
德标准去约束昆虫呀，也没必要因为

kūn chóng de zhè xiē xíng wèi gǎn dào fèn nù měi zhǒng kūn chóng
昆虫的这些行为感到愤怒。每种昆虫

dōu yǒu zì jǐ de shēng cún fāng shì zhè shì tā men de běn
都有自己的生存方式，这是它们的本

néng jué dìng de
能决定的。

寄生鸟类

世界上不光有寄生虫，还有其他的寄生动物。比如鸟类中，就有一类巢寄生鸟。这些鸟儿喜欢把蛋产在其他鸟类的巢里，由这些鸟巢的主人把幼鸟孵化出来。这些巢寄生鸟在为孩子选择义父义母的时候也很谨慎，有些鸟儿会选择跟自己亲缘关系近的鸟类，比如非洲维达雀亚科的鸟儿。不过大部分鸟儿会选择生活习性跟自己相近的鸟，至少它们喜欢吃的东西是一样的，这样不至于让宝宝挨饿。鸟儿一旦遇到巢寄生鸟，也是一件倒霉的事情，因为这些外来的鸟宝宝会把原主的鸟蛋挤出去，甚至跟原主的宝宝抢食物，杜鹃鸟就是个典型的例子。不过，有一种叫响蜜䴕的家伙更恶毒，它出生就自带尖钩，会直接把其他雏鸟杀死。

第五部分

植物杀手——蚜虫

说起蚜虫，你一定不陌生。它是一种著名的害虫，可以杀死植物。如果你家里养过花，或者种了菜，你可能就会在叶片上发现蚜虫的身影。在春天和秋天，喜欢落在人们衣服上的黑色小飞虫，也许就是蚜虫呢。

yá chóng de yǐng

蚜虫的瘿

rú guǒ gěi shēng zhí fāng shì qí tè de kūn chóng zuò gè pái
如果给生殖方式奇特的昆虫做个排
háng bǎng nà yá chóng jué duì kě yǐ shàng bǎng zhè zhǒng kàn qǐ
行榜，那蚜虫绝对可以上榜。这种看起
lái xiàng shī zi yí yàng de xiǎo jiā huo shēn shàng cáng zhe duō me
来像虱子一样的小家伙，身上藏着多么
lìng rén jīng yà de mì mì a
令人惊讶的秘密啊。

yá chóng shì wǒ de lín jū wǒ kě yǐ zài huāng shí yuán
蚜虫是我的邻居，我可以在荒石园
lǐ guān chá tā men de qíng kuàng tā men shēng huó zài yì zhǒng xiǎo
里观察它们的情况。它们生活在一种小
guàn mù shàng yǐ xiǎo guàn mù de yè zi hé jiāng guǒ wéi shēng
灌木上，以小灌木的叶子和浆果为生。
zài zhè yàng de xiǎo guàn mù shàng wǒ men jīng cháng kě yǐ zhāi dào
在这样的小灌木上，我们经常可以摘到
yì xiē qí xíng guài zhuàng de guǒ shí qiē kāi zhè xiē guǒ shí
一些奇形怪状的果实，切开这些果实，

会发现里面全是灰色的颗粒。这些灰色的颗粒不是别的，正是被灰尘包裹的蚜虫。这种奇怪的果实就是瘿，里面住着很多胖胖的蚜虫幼虫。这些蚜虫并不是一开始就待在这里的。冬天，当它们还是卵的时候，就藏在灌木脚下的地衣里面取暖。春天来临，这些小蚜虫会迅速爬上树枝，开始吮吸树叶中的汁液。只要几天，小蚜虫就发育成熟了。这些蚜虫在繁殖下一代时不需要寻找另一半，每只蚜虫都可以马上生出新的蚜虫宝宝。而且与别的昆虫不同的是，它们生下的不是卵，而是活蹦乱跳的蚜虫！

蚜虫的瘿又是怎么来的呢？这是蚜虫用树叶为自己做的家。蚜虫总是一群一群地聚集在树上，离得近的一群蚜虫一起把它们周围的树叶卷起来，形成月亮形、球形、角形的小房子。久而久之，这一小块被卷起来的叶子枯死、变硬，就成了一个瘿。在春天和夏天，瘿都挂在树上，不妨碍蚜虫吮吸树汁。到了秋天，大部分瘿都会从树上脱落。只有一种角瘿绵蚜的瘿十分牢固，就算在寒冷的冬天也不会脱落，除非遭遇恶劣的天气。

蚜虫的生殖方式十分奇特，分为晚熟的和早熟的两种。晚熟的蚜虫从越冬的卵中孵化出来，成熟时间比较长；而早熟的蚜虫在春天出生，它们的妈妈就是晚熟的蚜虫。这些早熟的蚜虫不需要经过卵的阶段，很快就可以发育为成虫。在瘿里，有一些蚜虫专门负责生育，它们长得矮矮胖胖，身上也没有迁移时需要的翅膀，像一只小小的红色金龟。

一只瘿里有多少蚜虫呢？我打开了一只2厘米长、4厘米宽的大角瘿，发现里面有几百只蚜虫。我找来很多个角瘿，把里面的蚜虫全都倒进了一根直径18毫米的试管里，形成了一条高65毫米的蚜虫圆柱体。根据我的估算，这里大约有19000只蚜虫，真是令人吃惊。

这些蚜虫长大以后，有相当一部分成员会存活下来，并且继续繁殖，可见蚜虫的家族十分庞大。

神奇的孤雌生殖

蚜虫妈妈可以独立生下宝宝，这样的现象叫孤雌生殖。孤雌生殖在自然界中很常见，多见于原始的物种身上。指的是雌性生物在没有雄性生物帮助的情况下，独立生出下一代。在这个过程中，雌性生物只要复制自己的DNA，就可以制造出组成新生命的细胞，然后完成生殖过程。除了蚜虫，有些蜜蜂也可以进行孤雌生殖，通过孤雌生殖产下的蜂宝宝往往都是男孩子。值得注意的是，蚜虫的孤雌生殖是周期性的，它有时候可以孤雌生殖，有时候需要通过交配产卵。

yá chóng de qiān yí

蚜虫的迁移

jiǔ yuè mò， jiǎo yǐng lǐ zhuāng mǎn le yá chóng。 wèi le
九月末，角瘿里装满了蚜虫。为了
jié shěng kōng jiān， tā men gēn jù huì de cháng dù yǒu xù pái
节省空间，它们根据喙的长度有序排
liè， shàng miàn shì dà yá chóng， dì èr céng shì zhōng děng yá
列，上面是大蚜虫，第二层是中等蚜
chóng， xiǎo yá chóng cáng zài zhōng děng yá chóng de jiǎo zhī jiān。 tā
虫，小蚜虫藏在中等蚜虫的脚之间。它
men lún liú shǔn xī shù zhī， měi zhī yá chóng dōu néng hē shàng
们轮流吮吸树汁，每只蚜虫都能喝上
yì kǒu。
一口。

yá chóng shēn shàng yǒu yì céng là zhì shì wù， xiàn zài jī
蚜虫身上有一层蜡质饰物，现在几
hū huà chéng le fěn， tián mǎn le zhè jiān xiǎo wū。 yá chóng jiù
乎化成了粉，填满了这间小屋。蚜虫就
zài zhè yàng de huán jìng lǐ zhǎng chū sì zhī chì bǎng， wèi wèi lái
在这样的环境里长出四只翅膀，为未来

的远行做准备。小时候还是橘色的蚜虫现在变成了黑色，体型也变得细细长长。可是，要怎么飞出这个瘿呢？它们根本没有合适的工具。不用担心，它办不到的事情，房子自己就可以办到。当蚜虫成熟时，这个瘿也完全成熟了。成熟的瘿会自动裂开，长着翅膀的蚜虫就这样飞了出去，在我的窗台上晒太阳。

迁徙的过程持续了两天，两天后，没有蚜虫飞出那个瘿了。我查看了一下，发现红色的无翅蚜虫并没有离开，这是一群蚜虫母亲，它们还在冷清的家里苟延残喘。虽然它们还会生下小蚜虫，但是因为年纪太大了，不久后它们就会死去。那些飞出去的蚜虫全都是这些蚜虫母亲生的，它们长得完全一样，几乎看不出什么区别。这些家伙可能并没有雌雄之分，不久后，它们也会生下一些小蚜虫。

让我们来看看这些蚜虫怎样生宝宝吧：它们先找到一个合适的支撑物，然后生下一个个包着膜的小幼虫。没一会儿，那些小幼虫就把脚从膜里伸出来，做做体操，然后跑着去探索世界。每只蚜虫可以生下六个这样的宝宝，可不幸的是，这些宝宝很容易死掉，最后能活下来的不多。而长着翅膀的蚜虫在生下宝宝之后，没几天就会死去。不过不用担心蚜虫灭绝，即使大多数蚜虫都死去了，活下来的那部分蚜虫的数量仍然很庞大，而且可以繁殖出更多的后代。

长出了翅膀的蚜虫还会吮吸树汁吗？不会了。它们离开了灌木丛，意味着它们不需要吃东西了。这些小家伙的使命只有一个，就是生下宝宝。幸存的宝宝还需要找地方越冬，然后成为来年那些新生蚜虫的母亲、外祖母。

这些蚜虫能够顺利越冬吗？秋天时，我把一个瘿保存起来，进行了观察。瘿里的蚜虫在天气晴朗的时候抖落身上的白蜡，飞了出来。它们在阳光下舞蹈，可是没过一会儿就死掉了。冬天来临的时候，一只蚜虫都没有活下来。根据我的猜测，蚜虫需要迁徙到一

gè wēn nuǎn qiě shí wù chōng zú de dì fang cái néng guò dōng ér
个温暖且食物充足的地方才能过冬，而

hé běn zhí wù de gēn bù jiù shì zhè yàng de lǐ xiǎng chǎng suǒ
禾本植物的根部就是这样的理想场所。

蚜虫怎样杀死植物

我们都知道蚜虫是害虫，它是怎样危害植物的呢？它会吮吸植物的汁液，用叶片做瘿，严重损伤植物的叶子，会导致植物变得矮小、不结种子，甚至死亡。蚜虫分泌的甜味汁液还会招来很多蚂蚁，蚂蚁会刺激蚜虫加速分泌甜汁，蚜虫自然也会更加卖力地吸植物汁液，加速植物的死亡。防治蚜虫的方法也很简单，在发现植物叶片上有少量蚜虫的时候，可以直接把它们清除掉。如果一棵植物上存在大量的蚜虫，可以喷洒农药。如何识别蚜虫？蚜虫的幼虫是黄色或者绿色的，像个小米粒，喜欢成群地趴在植物的叶子或者花蕾上。成虫是小小的黑色飞虫，翅膀比身体还长，在春天和秋天的时候喜欢飞到人的衣服上。

yá chóng de tiān dí

蚜虫的天敌

yá chóng suī rán zhǎng de hěn xiǎo kě tā kàn qǐ lái shí
蚜虫虽然长得很小，可它看起来十
fēn bǎo mǎn duō zhī yán sè yě hěn xiān nèn hěn měi wèi de
分饱满多汁，颜色也很鲜嫩，很美味的
yàng zi bù guāng wǒ zhè me xiǎng hěn duō kūn chóng yě shì zhè
样子。不光我这么想，很多昆虫也是这
me rèn wéi de
么认为的。

dāng yì xiē zǎo shú de qiú yǐng bào liè shí zhèng zài bǔ
当一些早熟的球瘿爆裂时，正在捕
liè de duǎn bǐng ní fēng men jiù fēi shàng qián qù diāo zhù yì zhī
猎的短柄泥蜂们就飞上前去，叼住一只
zhèng zhǔn bèi chū lái de yá chóng jiù pǎo bù yí huìr tā
正准备出来的蚜虫就跑。不一会儿，它
jiù huí lái le yòu diāo qǐ yì zhī yá chóng fēi huí wō lǐ
就回来了，又叼起一只蚜虫飞回窝里。
chèn zhe zhè qún yá chóng lí kāi zhī qián tā yào jǐn kě néng duō
趁着这群蚜虫离开之前，它要尽可能多

地弄走一些蚜虫，给它的宝宝充当口粮。这群短柄泥蜂很贪心，直到把球瘿掏空才罢休。不过蚜虫并没有被赶尽杀绝，在短柄泥蜂暂时离开的时间里，一些有翅膀的蚜虫趁机逃掉了。

遇到短柄泥蜂并不可怕，可怕的是一种幼虫。这种幼虫有着强健的大颚，可以把瘿咬破，然后钻进里面去。就这样，蚜虫的家成了幼虫的粮仓，里面的蚜虫一个也跑不掉。吃完这个瘿里面的蚜虫还不够，这条幼虫会离开空空如也的瘿，去寻找下一个目标。吃饱之后，它就在最后一个已经空了的瘿里化蛹，变成一种飞蛾。不光这种幼虫如此，有一种苍蝇的幼虫也喜欢这么做。

有一种通身翠绿、长着四片大翅膀的昆虫名叫草蛉，它的幼虫最喜欢吃蚜虫了。草蛉幼虫喜欢把蚜虫吸干，还会把蚜虫的空壳背在自己身上。不过著名的蚜虫天敌——七星瓢虫可比草蛉厉害多了。这是一个著名的杀手，它和它的幼虫都很喜欢吃蚜虫，而且胃口很大。被七星瓢虫光顾过的树枝，一只蚜虫也不会留下。

草蛉、瓢虫都是出色的杀手，还有一些杀手的手段比较温柔，却也同样致命。蚜茧蜂虽然不喜欢吃蚜虫，但是喜欢给蚜虫“做手术”。当它发现一群蚜虫时，会在其中挑选一只可怜的家伙，然后用产卵器刺破它的皮肤，把自己的卵产进蚜虫的身体里。受害者不会立刻死去，甚至也不会觉得多么痛。蚜茧蜂就这样接连为蚜虫做手术，直到肚子里的卵全部产出来为止。过不了多久，卵孵化成了幼虫，蚜虫就会感到很痛苦，随着蚜茧蜂幼虫逐渐长大，蚜虫也逐渐被掏空，变成了一只空壳。

总之，蚜虫对于很多食肉昆虫来说，是一种很好吃的小点心。虽然它对植物有危害，但从某种角度来说，是它把植物里的营养转化成了另一种形式，为不吃植物的昆虫们提供了可口的食物。

蚂蚁和蚜虫

蚜虫实在是太卑微了，好像任何食肉昆虫都可以欺负它。不光如此，连蚂蚁也不放过蚜虫。蚜虫分泌的甜味物质很受蚂蚁的欢迎，因此有些聪明的蚂蚁会把蚜虫圈养起来，保护它们不受伤害，但同时也向它们索取很多蜜汁。蚂蚁在想要蜜汁的时候，会轻轻地挠一挠蚜虫的后背，这样蚜虫就会分泌出很多蜜汁。在炎热的夏天里，蚜虫的蜜汁对蚂蚁来说是很美味的饮料。